一本书学会
Manus

AI智能体实战指南

杜雨 喻堂轩 张孜铭 著

机械工业出版社
CHINA MACHINE PRESS

图书在版编目（CIP）数据

一本书学会 Manus：AI 智能体实战指南 / 杜雨，喻堂轩，张孜铭著. -- 北京：机械工业出版社，2025.5.
ISBN 978-7-111-78284-1

Ⅰ. TP18-62

中国国家版本馆 CIP 数据核字第 2025WG5278 号

机械工业出版社（北京市百万庄大街 22 号　邮政编码 100037）
策划编辑：杨福川　　　　　　　　　责任编辑：杨福川　戴文杰
责任校对：甘慧彤　杨　霞　景　飞　责任印制：常天培
北京联兴盛业印刷股份有限公司印刷
2025 年 6 月第 1 版第 1 次印刷
170mm×230mm・14.5 印张・1 插页・210 千字
标准书号：ISBN 978-7-111-78284-1
定价：69.00 元

电话服务　　　　　　　　　　网络服务
客服电话：010-88361066　　　机　工　官　网：www.cmpbook.com
　　　　　010-88379833　　　机　工　官　博：weibo.com/cmp1952
　　　　　010-68326294　　　金　书　网：www.golden-book.com
封底无防伪标均为盗版　机工教育服务网：www.cmpedu.com

| 前言 |

Manus：开启通用 AI 智能体的未来之门

你是否曾想过，未来的生活会被一个"看不见的助手"彻底改变？它不仅能听懂你的话，还能帮你规划行程、完成购物，甚至管理你的健康。这个"助手"就是 AI 智能体（AI Agent），而 Manus 正是这场科技革命的前沿代表。

从最初的聊天机器人到如今的 AI 智能体，AI 的形态正在以惊人的速度进化。Manus 不仅是一个工具，还是一个能理解你、帮助你，甚至帮你干活的智能伙伴。它比 DeepSeek 更强大，因为它不仅能"说话"，还能"行动"——使用工具、规划任务、自主学习和完成工作。

在这本书中，我们将带你深入了解 Manus 如何从"小白"进化成"大神"，如何改变我们的生活方式，以及它背后蕴藏的无限商机。无论你是科技爱好者、企业管理者还是普通读者，这本书都将为你打开一扇通向未来的大门。

"未来已来，而 Manus 正是那把开启未来的钥匙。"

Manus 比 DeepSeek 强在哪里

最近有很多人问我："DeepSeek 和 Manus 有什么区别？"

大家目前用得比较多的 DeepSeek、元宝、豆包、Kimi 和海外的 ChatGPT，最先推出的产品形态都属于广义上的聊天机器人，而 Manus 以及 OpenAI 的 Operator 在发布时就有了新的名字——AI 智能体。

从最初只会简单聊天的机器人，到现在能自主工作的智能体，我们正在见证一场科技革命。这是技术的进步，更是 AI 在"思考"和"行动"能力上的巨大飞跃。

我们来梳理一下 AI 是如何一步步从"小白"进化成"大神"的。

1. 聊天机器人：AI 的"幼儿园"阶段

聊天机器人（Chatbot）是 AI 成长的起点。它们就像刚学会说话的小朋友，主要靠设定好的规则或学到的知识来回答你的问题。比如，你问它一周有多少天，它会根据此前学到的内容给你一个答案。

但单纯的聊天机器人往往能力有限：它们"知识有限"，不会用工具，无法完成复杂的任务。所以，当你需要它帮你写个程序时，它可能就无能为力了。

尽管如此，聊天机器人已经在很多地方大显身手，比如智能客服、信息查询等。它们能快速回答简单问题，帮你节省时间和精力，简直是"懒人福音"。

2. 副驾驶与助手：AI 的"小学"阶段

随着技术的升级，AI 进入了"副驾驶与助手"（Copilot）阶段，可以将这个阶段的 AI 看作一种更高级的聊天机器人。自 ChatGPT 出现以来，我们平常沟通中提到的"聊天机器人"，其实更多指的是"副驾驶与助手"阶段的 AI。这时候的 AI 不仅会"说话"，还能结合你给出的任务需求，协助你完成很多不同类型的任务。比如，它可以帮你分析数据、撰写代码、制订详细的规划方案等。

不过，这个阶段的 AI 就像它所处阶段的名称一样，只是一个聪明的助手，等着你发号施令，最终的决策权和执行权还在你的手里。在医疗、教育、金融等领域，这类 AI 已经开始发挥越来越大的作用，可以帮助专业人士更高效地开展工作。

3. 专用且带监护的智能体：AI 的"中学"阶段

到了"专用且带监护的智能体"阶段，AI 的能力又上了一个台阶。它们会"说话"，有"记忆"，会用工具，但常常只能在一些特殊的场景内帮你执行一些更加具体的任务。这个阶段的 AI 已经可以称为 AI 智能体了。

比如，有的 AI 智能体可以专门根据你的需求去搜索网上的新闻，然后制作海报样式的日报加以呈现。它可以自动拆解你的需求，使用各种工具，规划并达成你的目标而不需要一步步指导，但它的能力还是局限在一些专用的场景内。

另外，这个阶段的 AI 智能体已经有了一定的自主性，但它们仍然需要人类设定的规则来"保驾护航"。比如，汽车中的自动驾驶 AI 就可以看作这种智能体——它们能自己开车，但在遇到复杂情况时，还是需要向人类"求助"。

4. 通用且完全自主的智能体：AI 的"大学"阶段

通用且完全自主的智能体是 AI 的"终极形态"。它们不仅会"说话"，会"记忆"，会用工具，会做计划，还能适应各种各样复杂的环境，并在环境中自主学习、决策并执行。简单来说，它们几乎不需要人类的干预就能独立完成任务。

这类 AI 在探索未知领域时特别有用，它们能帮助人类突破现有的知识和技术边界，去发现更多奥秘。我们在许多涉及太空探索、深海探测的科幻电影中，都能看到这类 AI 的身影。

通过表 1，我们可以更清晰、直观地看出 AI 的进化之路。

表 1 AI 产品的功能地图[一]

AI 产品类型	对话能力	记忆理解	工具使用	通用自主	AI 智能体
聊天机器人	✓	✗	✗	✗	否
副驾驶与助手	✓	✓	✗	✗	否
专用且带监护的智能体	✓	✓	✓	✗	是
通用且完全自主的智能体	✓	✓	✓	✓	是

一 资料来源：CB Insights。

DeepSeek 属于"副驾驶与助手",所以还并不算 AI 智能体。Manus 相较于 DeepSeek 而言,有了使用工具的能力和一定程度的规划能力,属于 AI 智能体的范畴,并且也让我们看到 AI 智能体的自主性在不断提高,正由专用迈向通用。

AI 智能体能干什么

AI 智能体听起来很高级,但其实它的核心能力可以用 4 个简单的词来概括:**理解、规划、执行、改进**。

1. 理解意图:听懂你的话

AI 最基础的能力就是"听懂"你在说什么。通过自然语言处理技术(可以理解为"语言翻译器"),AI 能把你说的话转化成它能理解的指令。比如,你说"帮我订一张去北京的机票",AI 会立刻明白:你需要订票,目的地是北京。

AI 就像个聪明的"翻译官",能把你的需求翻译成它能执行的任务。

2. 规划行动:帮你出主意

听懂你的需求后,AI 会开始"动脑筋"规划如何实现你的目标。它会结合上下文信息(比如你的预算、时间安排等),推理出最合适的行动方案。比如,订机票时,它会帮你筛选最便宜的航班或者最适合你时间的班次。

AI 就像个"军师",帮你制订最佳行动计划。

3. 执行操作:动手完成任务

规划好行动后,AI 就会开始"动手"了。它可以通过各种工具(比如订票软件、支付系统等)来完成任务。比如,它会自动登录订票网站,选择航班并填写你的信息,甚至帮你完成支付。

AI 就像个"全能助手",能帮你搞定各种琐事。

4. 持续改进：越用越聪明

AI 最厉害的地方在于，它会不断学习、不断进步。每次完成任务后，它都会总结经验，优化自己的表现。比如，如果你总是选择早班机，AI 会记住你的偏好，下次直接推荐早班机给你。

AI 就像个"学霸"，越用越聪明，越用越懂你。

AI 智能体的"职级"

AI 智能体的进化过程就像职场中的"职级升迁"。不同职级的员工，有的专注于完成一件事，有的能跨领域工作，还有的则是"全能型选手"。根据 AI 智能体的智能水平和实用性，我们可以把它们分成 3 类：**单一用途智能体、平台级智能体、通用智能体**。

1. 单一用途智能体：专注的"专才"

单一用途智能体就像公司里的"专才"，只擅长做一件事，但能把这件事做到极致。比如，有的 AI 智能体专门用来订机票，有的专门用来查天气，还有的专门用来翻译语言。这类 AI 智能体就像"螺丝钉"，虽然功能单一，但在自己的领域里非常靠谱。

❏ 特点：
- 功能简单，专注于特定任务。
- 适合解决单一领域的问题。

❏ 例子：对于具有天气查询功能的 AI 智能体，你问"今天天气怎么样"，它会立刻告诉你答案，但如果你说"帮我订个餐厅"，它就无能为力了。

2. 平台级智能体：跨界的"多面手"

平台级智能体就像公司里的"多面手"，能在多个领域或平台上完成任务。它们不仅能处理更复杂的任务，还能在不同的环境中灵活应用自己的能力。这类 AI 智能体就像"全能助理"，能同时处理多项任务，帮你省时省力。

❏ 特点：
- 功能更广泛，能处理多种任务。
- 适合跨领域或跨平台的应用。

❏ 例子：你让它"帮忙订机票"，再"查一下目的地的天气"，最后"推荐几家附近的餐厅"，它都能搞定。

3. 通用智能体：未来的"全能选手"

完全自主的通用智能体是 AI 发展的终极目标，它们就像公司里的"全能型 CEO"，几乎什么都能做，而且几乎不需要人类的干预。它们能在各种环境中执行广泛的任务，从日常琐事到复杂决策，样样精通。这类 AI 智能体就像"超级管家"，不仅能帮你解决问题，还能主动为你规划生活。比如 Manus，虽然它算不上严格意义上的通用智能体，但已经能主动规划并承担绝大部分类型的任务，为人类排忧解难了。

❏ 特点：
- 高度智能和自主性。
- 能在各种环境中完成任务，几乎不需要人类帮忙。

❏ 例子：你只需要说"帮我安排一个月的旅行"，它就能完成查天气、订机票、订酒店、规划行程、提醒你带护照等一系列操作。

AI 智能体会如何改变我们的生活

AI 智能体正在悄悄进入我们的日常生活，改变我们与数字世界的互动方式，提升工作效率，甚至彻底重塑我们的购物体验。接下来，看看 AI 智能体将如何在未来几年内改变我们的生活。

1. 搜索与发现：从"人找信息"到"信息找人"

现在的我们想要找点什么信息，得自己打开搜索引擎，输入关键词，然后在一堆搜索结果里翻来翻去。而 AI 智能体的出现将彻底改变这种方式，未来的搜索不再是"人找信息",而是"信息主动找到你"。

☐ **未来场景**:你想买一台新相机,不用自己动手搜索,只需告诉AI智能体你的需求。它会自动搜索多个平台,分析用户评价,甚至根据你的偏好和历史行为,给你推荐最合适的选项。比如,它会说:"根据你的预算和拍照习惯,我推荐这款相机,性价比高,而且适合旅行使用。"

☐ **好处**:
- 节省时间:不用再花几个小时对比产品。
- 个性化推荐:AI智能体懂你的喜好,推荐更精准。

2. 购物体验:从"手动操作"到"一键搞定"

现在的网购流程是:搜索商品→对比价格→加入购物车→付款。而AI智能体将使这个过程变得无比简单。未来的购物只需要你"动动嘴皮子",AI智能体帮你搞定一切。

☐ **未来场景**:你想买一件衣服,AI智能体会自动从多个电商平台中找到最适合你的款式和价格,甚至帮你完成支付。你只需要说一句"买它",剩下的交给AI智能体。比如,它会说:"这件衣服正在打折,颜色和尺码都符合你的需求,我已经帮你下单了。"

☐ **好处**:
- 更流畅:从搜索到支付,全程自动化。
- 更高效:不用再手动操作,省时省力。

3. 工作效率:从"忙到飞起"到"轻松高效"

在企业里,AI智能体将成为提升生产力的"秘密武器"。它们能处理大量重复性工作,使员工专注于更有价值的任务。在未来的工作中,AI智能体将是你的"得力助手",帮你分担压力,让你更轻松。

☐ **未来场景**:在客服领域,AI智能体可以自动处理80%的常规问题(比如查询订单状态),只有复杂问题才转交给人工客服。比如,它会说:"您的订单已发货,预计明天送达。如果有其他问题,请告诉我。"

❑ 好处：
- 提高效率：AI 智能体处理简单任务，人类专注于解决复杂问题。
- 降低成本：减少人力投入，优化资源配置。

总之，AI 智能体正在开启一个全新的时代，它们将彻底改变我们与数字世界的互动方式。无论是搜索信息、购物还是工作，AI 智能体都能让一切变得更高效、更个性化。

AI 智能体会带来哪些商机

AI 智能体不仅是科技领域的突破，更是一个巨大的商业机会。它们正在改变各行各业的运作方式，为企业和创业者带来了全新的商机。在下面这些方向开发和提供 AI 智能体的解决方案，将有助于把握这些商机。

1. 个性化服务与推荐

AI 智能体最厉害的地方之一，就是它能理解你的需求，并提供个性化的服务。比如，你在网上购物时，AI 智能体可以根据你的喜好和历史行为，自动推荐最适合你的商品，帮你省去挑选的时间。这种能力在电商平台、内容平台、旅游平台和酒店业都有巨大的应用潜力。比如，旅游平台可以用 AI 智能体为用户定制旅行路线，推荐酒店和活动，打造独一无二的旅行体验。

2. 自动化客服与支持

AI 智能体还可以大幅提升客服效率，降低企业的运营成本。想象一下，当你联系客服时，AI 智能体可以快速回答你的问题，甚至帮你解决问题，而不需要你等待人工客服。这种智能客服不仅能处理 80% 的常规问题，还能提供 24 小时不间断的服务，大幅提升客户满意度。对于企业来说，引入 AI 智能体客服不仅可以节省人力成本，还能提高服务效率。

3. 智能助手与生产力工具

AI 智能体可以成为个人和企业的"全能助手",帮助提升工作效率。对于个人来说,AI 智能体可以帮你管理日程、提醒重要事项、自动处理邮件等,让你的生活更加井井有条。对于企业来说,AI 智能体可以自动化处理数据录入、文档整理、会议记录等重复性工作,甚至提供数据分析与决策支持,帮助企业优化运营。

4. 智能家居与物联网

AI 智能体还可以与智能家居设备结合,打造更智能的生活体验。比如,你可以通过语音或手机控制家里的灯光、空调、安防系统等。AI 智能体还能根据你的生活习惯自动调节室温、播放你喜欢的音乐,甚至推荐适合你的食谱。

5. 教育与培训

AI 智能体还可以改变传统的教育和培训方式,提供个性化的学习体验。比如,AI 智能体可以根据学生的学习进度和兴趣推荐适合他的学习内容,甚至充当"虚拟导师",24 小时解答学生的问题。在企业培训方面,AI 智能体可以为员工提供定制化的技能培训,帮助企业提升竞争力。

6. 医疗与健康

在医疗领域,AI 智能体也有着巨大的潜力。它可以通过分析患者的症状和历史数据,提供初步的诊断建议,帮助医生更高效地工作。AI 智能体还可以监测用户的健康数据,比如心率、血压等,并提供个性化的健康建议。

7. 金融与支付

AI 智能体还可以优化金融服务,提升用户体验。比如,它可以根据你的财务状况和目标提供个性化的投资建议,帮助你更好地管理财富。在支付方面,AI 智能体可以实现"一键支付",让购物和转账更加便捷。对于金融机构来说，AI 智能体还可以实时监测交易数据，识别潜在风险并提供预警。

8. 内容创作与营销

AI 智能体可以帮助企业及个人更高效地创作和推广内容。比如，它可以自动生成文章、视频脚本、广告文案等，大大提升内容创作的效率。在营销方面，AI 智能体可以分析用户行为数据，提供精准的营销策略建议，甚至自动管理社交媒体账号，例如发布内容、回复评论、分析互动数据。

AI 智能体正在改变各行各业的运作方式，同时也为企业和创业者带来了前所未有的商机。无论是提供个性化服务、提升工作效率，还是优化用户体验，AI 智能体都蕴藏着巨大的商业潜力。

AI 智能体的出现还会改变消费者的行为习惯。根据 ARK 的预测（如图 1 所示），如果搜索工具转向个人 AI 智能体，AI 广告的收入可能会激增。到 2030 年，AI 广告收入可能会占据 1.1 万亿美元规模的数字广告市场的 54% 以上。这一预测表明，随着 AI 技术的普及和应用，AI 智能体将在数字广告市场中扮演越来越重要的角色。

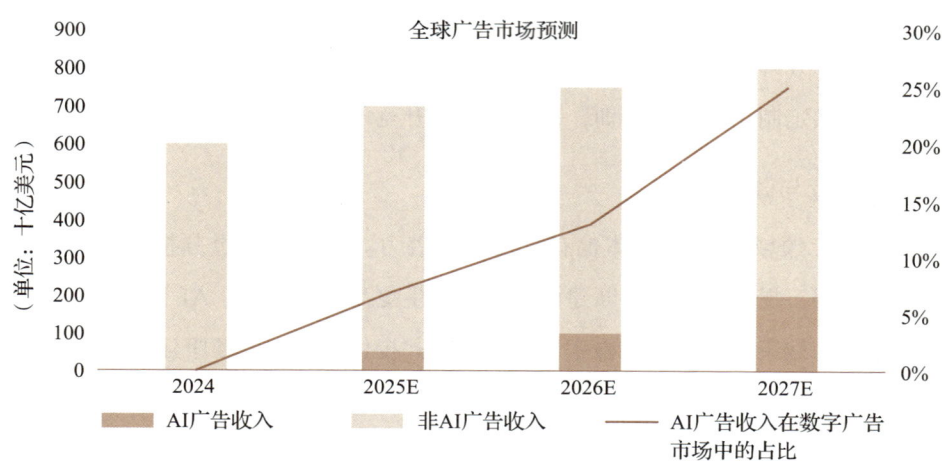

图 1　ARK 全球广告市场预测㊀

㊀ 数据来源：ARK。

最近越来越多的客户找我咨询如何对 AI 软件的关键词进行优化，因为过去消费者通过百度等搜索引擎来搜索品牌，如今都已经转向 DeepSeek 等 AI 平台，未来或许是 Manus，在更远的未来，或许每个消费者都依赖自己的 AI 智能体进行搜索和下单（本书讲解的方法和行业解决方案，同样适用于扣子空间等通用 AI 智能体）。

未来几年，AI 智能体会变得更聪明、更懂你。

未来已来，你准备好了吗？

杜雨
于杭州

目录

前言

第1章 Manus 入门的必知必会 …… 1

1.1 什么是 Manus …… 2
1.2 Manus 的核心原理 …… 3
    1.2.1 代理性思维模型 …… 3
    1.2.2 工具使用与环境交互 …… 4
    1.2.3 多模态理解与生成 …… 5
1.3 Manus 的设计哲学 …… 6
    1.3.1 以任务为中心的设计 …… 6
    1.3.2 "增强而非替代"的协作模式 …… 7
    1.3.3 适应性与可扩展性 …… 8
1.4 开始使用 Manus …… 8
    1.4.1 体验 Manus 官网的运行案例 …… 9
    1.4.2 Manus 的操作界面和使用流程 …… 11

第2章 Manus 的任务指令技巧 …… 14

2.1 Manus 指令的基本结构与构建技巧 …… 15
    2.1.1 Manus 指令的基本格式 …… 15
    2.1.2 Manus 指令中关键词的使用 …… 16
    2.1.3 有效指令的构建技巧 …… 17
2.2 利用 Manus 进行信息查询的指令技巧 …… 18
    2.2.1 简单信息检索 …… 18
    2.2.2 复杂问题分析 …… 19
    2.2.3 多源信息整合 …… 20
2.3 利用 Manus 进行内容创作的指令技巧 …… 21
    2.3.1 文档与报告生成 …… 21
    2.3.2 创意内容与营销文案生成 …… 22

         2.3.3 多媒体内容规划 ········ 23
   2.4 利用 Manus 进行数据处理
        的指令技巧 ················ 25
         2.4.1 数据收集与整理 ········ 25
         2.4.2 表格制作与分析 ········ 26
         2.4.3 可视化图表生成 ········ 27

第 3 章 Manus 官网体验用例的
         精选解读 ·············· 29
   3.1 内容创作相关的 Manus
        案例 ······················ 30
         3.1.1 提词器生成 ············ 30
         3.1.2 音频处理与高光集锦
                制作过程 ·············· 33
         3.1.3 品牌形象设计 ·········· 34
         3.1.4 设计与创建简约优雅
                名片 ·················· 37
         3.1.5 设计音效 ·············· 41
         3.1.6 互动剧本开发 ·········· 42
         3.1.7 数字内容体验评估
                分析 ·················· 47
   3.2 研究相关的 Manus 案例 ····· 50
         3.2.1 NVIDIA 财务报告分析
                与可视化 ·············· 50
         3.2.2 B2B 供应商采购：找到
                橡胶垫的最佳价格 ······ 53
         3.2.3 研究 AR/AI 眼镜发布
                信息 ·················· 54

         3.2.4 调查 20 家 CRM 公司 ··· 56
         3.2.5 收集公众人物对
                DeepSeek R1 的观点 ···· 59
         3.2.6 分析美国 AI 政策十年
                演变 ·················· 63
         3.2.7 分析时尚行业垂直
                搜索 AI 解决方案 ······· 66
         3.2.8 制订详细的采访
                提纲 ·················· 68
   3.3 与生活相关的 Manus
        案例 ······················ 71
         3.3.1 日本 7 天旅行行程
                规划与求婚推荐 ········ 71
         3.3.2 特斯拉股票全面
                解析 ·················· 75
         3.3.3 旅行保险政策对比
                分析 ·················· 77

第 4 章 教育与学习领域中的
         Manus 实践 ············ 81
   4.1 教育与学习领域中 Manus
        的应用场景 ················ 82
         4.1.1 教育领域中 Manus 的
                应用场景 ·············· 82
         4.1.2 学习领域中 Manus 的
                应用场景 ·············· 83
   4.2 教育与学习领域中 Manus
        的指令案例 ················ 85

4.3 实践案例：中国人工智能
教育政策的整理 ········· 88

第 5 章 内容创作与媒体领域中的 Manus 实践 ······· 100

5.1 内容创作与媒体领域中
Manus 的应用场景 ········ 101
5.2 内容创作与媒体领域中
Manus 的指令案例 ········ 103
5.3 实践案例：Manus 科普
短视频的制作计划 ········ 105

第 6 章 商业经营与研究决策领域中的 Manus 实践 ················· 122

6.1 商业经营与研究决策领域
中 Manus 的应用场景 ····· 123
6.2 商业经营与研究决策领域
中 Manus 的指令案例 ····· 125
6.3 实践案例：云服务提供商
的对比分析研究 ·········· 128

第 7 章 个人生活领域中的 Manus 实践 ············· 144

7.1 个人生活领域中 Manus 的
应用场景 ················ 145
7.2 个人生活领域中 Manus 的
指令案例 ················ 146
7.3 实践案例：计算中国的
育儿成本 ················ 148

第 8 章 综合多领域目标的 Manus 实践 ············· 171

8.1 任务背景：科技公司的
智能家居营销需求 ········ 172
8.2 前置任务：市场研究和
竞争分析 ················ 172
8.3 接续任务：目标受众
分析 ···················· 178
8.4 主干任务：内容策略
分析 ···················· 184
8.5 最终任务：多平台内容
创作 ···················· 189

第 1 章 CHAPTER

Manus 入门的必知必会

在人工智能发展的历程中，我们见证了从简单的规则系统到复杂的神经网络的演进，其功能也从基础的语音识别到如今能够理解和生成自然语言。而今天，我们站在了 AI 发展的又一个重要节点上——通用型 AI 智能体的时代已经到来，Manus 正是这一技术革命初期的代表作品。

1.1 什么是 Manus

Manus 是由中国团队 Monica.im 于 2025 年 3 月 6 日推出的通用型 AI 智能体产品。与传统的 AI 助手不同，Manus 不仅能够回答问题、提供建议，还能够自主规划并执行复杂任务，直接交付完整的成果。它就像一个数字世界中的得力助手，能够理解你的需求，并通过一系列自主操作将你的想法转化为现实。

根据官网解读，Manus 在拉丁语中是"手"的意思，取名 Manus，是想用它来象征这个 AI 产品能将用户的想法转化为行动。如果用一句拉丁语去评价这个产品，那"Mens et Manus"（手脑并用）或许就十分贴切。这个词精确地反映了产品的核心理念——将 AI 的思考能力（大脑）与执行能力（双手）结合起来，实现从思考到行动的无缝衔接。传统的 AI 产品大多停留在"思考"层面，能够分析问题并给出答案，但难以直接采取行动；而 Manus 则打破了这一局限，能够在理解问题的基础上，主动规划并执行解决方案，最终交付完整的成果。

在功能定位上，Manus 被设计为一个通用型智能助手，能够处理各种复杂和动态的任务。无论是撰写报告、分析数据、规划行程，还是创建教学内容、比较产品方案，Manus 都能够胜任。它不仅能够处理单一领域的专业任务，还能够跨领域协作，将不同类型的工作整合成一个连贯的流程。这种通用性使 Manus 能够适应各种工作场景，成为用户在数字世界中的得力助手。

Manus 与传统 AI 助手的最大区别在于，它具有真正的自主性。在用户提出需求后，Manus 能够独立思考、规划并执行一系列操作，不需要用户持续干预和指导。例如，当用户要求 Manus 进行股票市场分析时，它不仅会提供分析结论，还会自动收集数据、编写分析代码、生成可视化图表，甚至部署一个交互式网站来展示结果。这种自主执行能力大幅减轻了用户的工作负担，使用户能够专注于更具创造性和战略性的工作。

在技术表现方面，根据开发团队介绍，在发布时，Manus 在通用 AI 助手评测基准 GAIA 测试中取得了新的 State-of-the-Art（SOTA）成绩，在全部的三个难度等级上均刷新纪录。这一成绩表明，Manus 在处理复杂任务和解决实际问题方面具有领先的能力，能够应对各种挑战。

总的来说，Manus 代表了 AI 技术从"对话交互"向"人机协作"的重要跨越，开启了 AI 应用的新时代。它不再是一个被动的问答工具，而是一个主动的协作伙伴，能够理解用户的意图，并通过自主行动帮助用户实现目标。这种转变不仅提高了工作效率，也拓展了 AI 应用的边界，为未来的人机协作模式提供了新的可能性。

1.2　Manus 的核心原理

Manus 的设计基于一系列核心原理，这些原理共同定义了 Manus 作为新一代 AI 智能体的独特性和强大功能。本节将对这些原理进行详细介绍。

1.2.1　代理性思维模型

Manus 采用了"代理性思维"（Agency Thinking）模型，这是它与传统 AI 助手最根本的区别。就像"智能体"的英文"Agent"也能被翻译为"代理"一样，在这一模型中，Manus 不仅是能被动响应用户指令的工具，还是具有一定程度的自主性和主动性的代理。这种代理性体现在以下几个方面。

1. Manus 能够理解并保持长期目标

与仅关注当前对话轮次的传统 AI 不同，Manus 能够在整个任务过程中保持对最终目标的关注，并据此规划和调整行动。例如，当用户请求撰写一份市场分析报告时，Manus 不仅会生成内容，还会主动考虑报告的完整性、一致性和实用性，确保最终成果满足用户的实际需求。

2. Manus 具备自主规划和执行能力

Manus 能够将复杂任务分解为一系列步骤，并按照逻辑顺序执行这些步骤，而不需要用户提供详细的中间指导。这种能力使 Manus 能够处理更复杂、周期更长的任务，减轻用户的认知负担。例如，在开发一个网站项目时，Manus 可以自主规划从需求分析到设计、编码、测试的完整流程，并在每个阶段提供适当的成果。

3. Manus 具有环境感知和适应能力

Manus 能够感知和理解其操作环境（如文件系统、网络资源、可用工具等），并根据环境条件调整其行动。这种适应性使 Manus 能够在各种情况下有效工作，即使在面对不可预见的障碍或变化时也不例外。

4. Manus 采用了反馈循环机制

Manus 不仅能执行任务，还会监控执行结果，评估成功程度，并根据这些反馈调整后续行动。这种自我修正能力使 Manus 能够从经验中学习，不断改进其工作方法和提升成果质量。

1.2.2 工具使用与环境交互

Manus 拥有强大的工具使用和环境交互能力。与仅限于文本生成的传统 AI 不同，Manus 能够使用各种工具与环境进行交互，极大地拓宽了其能力范围。

Manus 的工具使用能力在多个方面展现得淋漓尽致。它能够熟练运用系统工具，涵盖文件操作、网络请求、数据处理等诸多功能，从而能够轻松地访问和处理各种形式的信息。不仅如此，Manus 在对专业工具的使用上也毫不逊色，无论是代码编辑器、数据分析库还是设计软件，它都能得心应手地运用，从而在特定领域高效地执行专业任务。此外，它还能借助网络资源的力量，像搜索引擎、API服务、在线数据库等，这为它获取最新且最全面的信息提供了强大的支持。

这种工具使用能力使Manus成为一个真正的"做事"智能体，而不仅仅是一个"对话"智能体。它不仅能够思考如何完成任务，还能够实际执行这些任务，并产生具体的、可用的成果。例如，Manus不仅能够讨论如何分析数据，还能够实际读取数据文件，运行分析代码，生成可视化图表，并将结果保存为报告。

Manus的环境交互模型是基于"感知—思考—行动"循环工作的。它首先感知环境状态（如读取文件内容、获取网络响应等），然后思考下一步行动（如分析数据、规划代码结构等），最后执行行动（如写入文件、发送请求等），并再次感知结果，形成持续的交互循环。这种模型使Manus能够在复杂、动态的环境中有效工作，不断适应变化的条件和环境。

1.2.3 多模态理解与生成

Manus拥有多模态理解与生成能力。多模态指的是多种形式的信息，包括但不限于文本、代码、数据、图像等。

在理解方面，Manus能够解析和理解各种形式的输入。它不仅能理解自然语言指令，还能理解代码结构、数据模式、文件格式等技术元素。这种多模态理解能力使Manus能够处理复杂的、混合形式的任务描述和资源。例如，当用户提供一份包含代码片段、数据表格和文本说明的文档时，Manus能够全面理解其内容和意图。

在生成方面，Manus能够创建各种形式的输出。它不仅能生成自然语言文本，还能生成结构化数据、功能性代码、配置文件等技术产物。这种多模态生成能力使Manus能够提供完整的、可直接使用的解决方案。例如，在开发一个数据可视化项目时，Manus不仅能提供概念性描述，还能生成实际的数据处理代码、可视化脚本和交互式界面。

此外，Manus 的多模态能力还体现在其跨模态转换能力上。它能够将一种形式的信息转换为另一种形式，如将文本描述转换为代码实现，将数据转换为可视化图表，将技术规范转换为用户友好的文档等。这种转换能力使 Manus 成为不同领域、不同角色之间的有效桥梁，促进了信息的流动和转化。

1.3　Manus 的设计哲学

一个好的 AI 产品背后，除了有构建原理，还有其独特的设计哲学，这些设计哲学囊括了它对于用户需求的理解。本节将深入剖析和还原 Manus 从用户需求角度出发的设计哲学。

1.3.1　以任务为中心的设计

Manus 的第一个核心设计哲学是"以任务为中心"，将完成用户实际任务作为首要目标。这一哲学体现在以下几个方面。

1. Manus 关注任务成果而非仅关注对话过程

它的设计目标是帮助用户实现具体目标，而不仅仅是提供信息或维持对话。这种成果导向的设计使 Manus 在每次交互中都专注于推进任务进展，避免无效或冗余的交流。

2. Manus 采用了任务分解和规划机制

它能够将复杂任务分解为可管理的子任务，并为这些子任务创建逻辑执行计划。这种结构化方法使 Manus 能够处理高度复杂的任务，同时保持清晰的进展跟踪和状态管理。

3. Manus 实现了任务上下文的持久化

它能够在整个任务生命周期内维护相关上下文，包括用户意图、中间结果、决策历史等，确保任务执行的连贯性和一致性。这种上下文管理能力使 Manus 能够处理长期、多阶段的任务，而不会丢失重要信息或偏离原始目标。

4. Manus 提供了任务进度的展示和报告

它能够清晰地展示任务进度，报告已完成的步骤和待办事项，使用户随时了解当前状态和下一步计划。这种透明度增强了用户对任务执行过程的控制感和信任度。

1.3.2 "增强而非替代"的协作模式

Manus 的第二个核心设计哲学是"增强而非替代"的协作模式。在这一模式中，Manus 被设计为用户的协作伙伴和能力扩展，而非完全自主的替代者。具体就 Manus 产品而言，这一设计哲学生动地体现在决策模型、透明度设计、学习机制和能力互补设计 4 个方面：

- 决策模型：Manus 会在适当时机寻求用户输入和确认，特别是在关键决策点或高风险操作前。它不会假设完全了解用户的意图或偏好，而是通过有效的沟通确保其行动与用户期望一致。
- 透明度设计：Manus 会清晰地解释其推理过程、决策依据和行动计划，使用户能够理解和评估其工作方式。这种透明度使用户能够在必要时干预或调整 Manus 的行动，保持对过程的控制。
- 学习机制：Manus 能够从用户反馈中学习，不断调整其工作方式，以更好地满足或适应用户的特定需求和偏好。这种适应性使 Manus 能够随着时间的推移逐渐成为更有效的协作伙伴，而不是固定的、一成不变的工具。
- 能力互补设计：Manus 被设计为在计算机擅长的任务（如数据处理、信息检索、模式识别等）上提供强大支持，同时在人类擅长的任务（如创造性思考、价值判断、情感理解等）上寻求用户参与。这种互补性使人机协作能够发挥各自的优势，实现整体效能的最大化。

1.3.3 适应性与可扩展性

Manus 的第三个核心设计哲学是适应性与可扩展性，这使其能够应对各种任务和环境，并随着需求的变化而发展。

在适应性方面，Manus 能够根据任务性质和用户需求调整其工作模式。对于结构化、明确的任务，它可以采用高度自动化的执行方式；对于创造性、探索性的任务，它可以采用更多协作和迭代的方式。这种灵活性使 Manus 能够在不同场景下提供最合适的支持。

Manus 还能够适应不同的用户知识水平和交互偏好。对于技术专家，它可以使用专业术语和高级功能；对于初学者，它可以提供更多指导和解释。这种用户适应性使 Manus 能够服务于广泛的用户群体，而不仅限于特定技能水平的用户。

在可扩展性方面，Manus 采用了模块化的能力架构。它可以通过添加新的工具、知识库和专业模型来扩展核心功能，从而能够应对新的任务领域和技术要求。这种模块化设计使 Manus 能够随着技术发展和用户需求的变化而持续进化。

不仅如此，Manus 还支持自定义工作流和与其他工具或系统集成。用户可以创建特定任务的工作流模板，定义常用操作的快捷方式，或者将 Manus 与其他工具或系统集成。这种定制化能力使 Manus 能够适应或满足特定组织或个人的工作环境和流程需求。

1.4 开始使用 Manus

在了解了 Manus 的基本概念和产品设计后，本节将引导你开始实际使用 Manus。无论你是初次接触 AI 智能体的新手，还是希望将 Manus 应用于专业工作的资深用户，本节都将为你提供清晰的入门指导，帮助你快速上手这一强大的工具。

1.4.1 体验 Manus 官网的运行案例

截至本书完稿,虽然没有邀请码暂时还无法体验 Manus 的出色效果,但 Manus 官网已经放出了不少 Manus 的回放案例。通过分步骤的任务回放,即便没有邀请码的用户,也可以很便捷地了解 Manus 是如何处理实际任务的。"用例展示"模块的界面如图 1-1 所示。

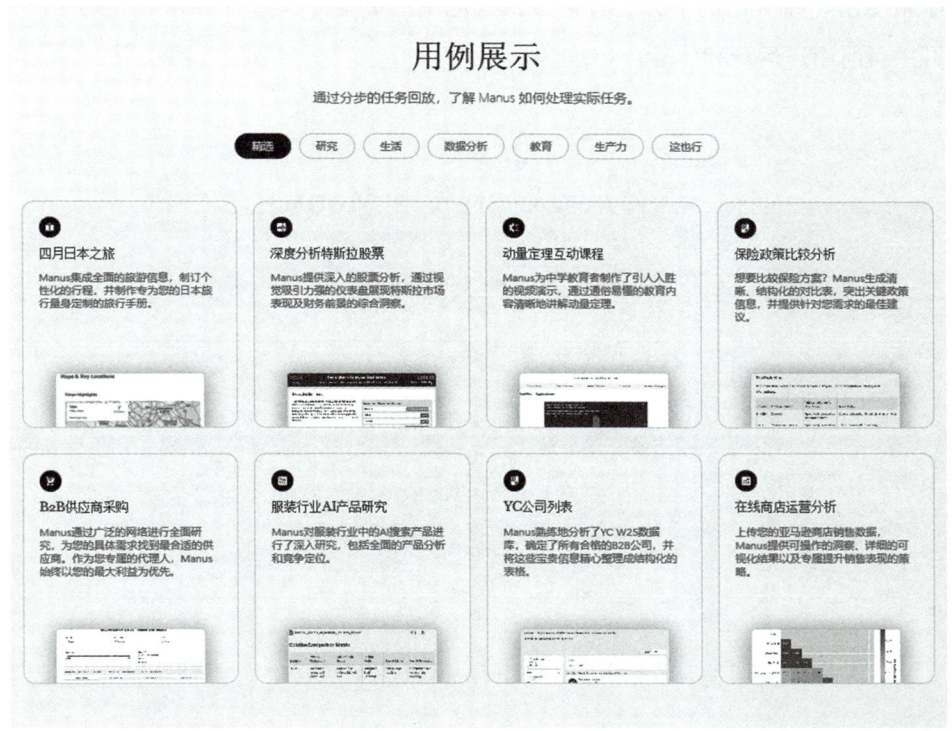

图 1-1 "用例展示"模块的界面

Manus 官网的运行案例体验分为 3 个模块:"用例展示""看看其他人如何使用 Manus"和"Manus Space 展示"。

在"用例展示"模块,Manus 提供了 50 个运行 Manus 处理不同任务的示例,并将其分为了"研究""生活""数据分析""教育""生产力""这也行"六大类别。在这个模块，没有邀请码的用户也可以初探 Manus 在各方面的强大能力。

在"看看其他人如何使用 Manus"模块，用户可以单击"让 Manus 尝试我的任务"按钮，提交自己的邮箱和想让 Manus 执行的任务，但提交时需要同意把自己提交的用例的执行结果展示在官网上，如图 1-2 所示。官方将从所有提交的用例中进行挑选，并在实际运行后将结果展示在这个模块中，供更多人体验使用。在按钮的下方，有很多由其他用户提交并经过官方甄选后的案例，可供当前用户运行和体验。

图 1-2 "看看其他人如何使用 Manus"模块的界面

在"Manus Space 展示"模块，可以预览用 Manus 打造的各式各样、令人惊叹的网络空间，如图 1-3 所示。这些空间基本来自用户，每个用户既能实地体验这些网页的功能效果，也能看到创建这些网页的任务回放。这些空间包括：马里奥游戏、股票数据分析与可视化、3D 可交互模型、碰撞物理过程的模拟演示等。通过这些案例，用户可以更加深刻地感受到 Manus 的独特魅力。

第 1 章　Manus 入门的必知必会　❖　11

图 1-3　"Manus Space 展示"模块的界面

1.4.2　Manus 的操作界面和使用流程

如果顺利取得邀请码，登录后便可来到 Manus 的主界面，整个界面采用了清晰的分区设计，主要包括以下几个部分，如图 1-4 所示。

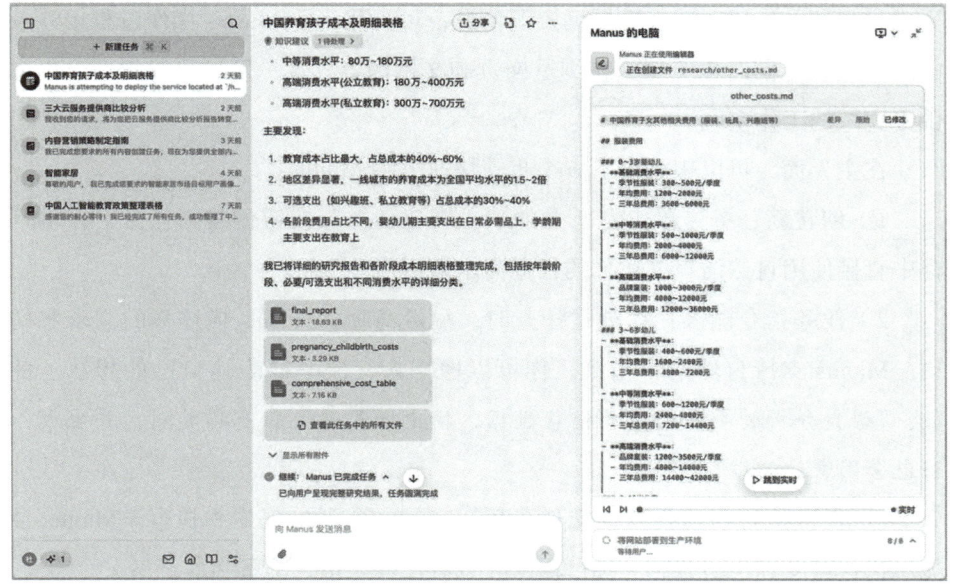

图 1-4　Manus 的主界面

1. 左侧导航栏

导航栏主要包含搜索框、通知中心、帮助中心和用户头像等元素。单击导航栏中的"+新建任务"按钮可以随时返回主页；搜索框可以快速查找历史任务和资源；左下角反馈中心可进行用户反馈；官方 Home 键可以返回官网介绍界面，浏览官方实例和其他用户分享的优质案例；单击用户头像或者最右侧的设置按钮可以访问个人资料和账号设置；头像右侧的星号数字表示当前可以新建的任务数量；知识界面可上传相关提示词或知识库，让 Manus 学习你的偏好和特定任务的最佳实践。

2. 中央工作区

工作区是用户与 Manus 交互的主要区域，在任务创建和执行过程中，这里会显示对话界面、任务过程、执行结果等信息。

3. 右侧"Manus 的电脑"

该模块会显示 Manus 执行任务过程中的相关参考资料；存储和组织 Manus 生成的文档、代码、图表等辅助资源信息；可视化当前 Manus 操作过程中涉及的所有进程，同时也支持直接浏览网页和文档内容。这一区域可以折叠，以提供更宽敞的工作空间。

在主界面，可以遵循以下 6 个步骤快速上手 Manus：

1）创建新任务：单击左上方的"+新建任务"按钮创建新任务，在输入框中直接使用自然语言描述你的任务需求即可。

2）任务指令输入：在创建任务时，尽量清晰、具体地描述你的需求和期望。Manus 支持自然语言指令，你可以像与人交流一样表达自己的想法。例如："帮我分析过去三个月的销售数据，找出增长最快的产品类别，并生成一份包含图表的简报"。

3）任务执行与监控：提交任务后，Manus 会开始规划和执行。Manus 会显示执行进度和中间状态。你可以随时查看任务详情，了解当前进展。

4）结果查看与使用：任务完成后，Manus 会展示执行结果，可能包括文本、图表、代码、文件、网址等多种形式。你可以直接在界面中查看这些结果，也可以将结果下载或分享到其他平台。

5）任务反馈与迭代：对于任务结果，你可以提供反馈，如请求修改、补充或解释。Manus 会根据你的反馈进行调整，不断提升结果质量。

6）任务保存与管理：所有任务及其结果都会自动保存在你的账号中，你可以在左侧导航栏中查看历史任务，将好用的指令添加进知识库，或继续之前的对话。

相信通过以上清晰简单的步骤讲解，你已经可以快速上手和使用 Manus 了。

第 2 章 CHAPTER

Manus 的任务指令技巧

本章详细介绍 Manus 任务指令的设定技巧和构建案例，帮助你快速上手 Manus，解决工作和生活中的各类问题。为了区分用户输入给 Manus 的 AI 提示词和 Manus 自己生成的提示词，本章及后续内容将用"指令"或"任务指令"代表用户输入的提示词。

2.1　Manus 指令的基本结构与构建技巧

给 Manus 的任务指令和其他 AI 提示词一样，如果能了解一些基本结构和原则，可以显著提高与 AI 的沟通效率和任务成功率。下面我们分别介绍指令的基本格式、关键词的使用与有效指令的构建技巧。

2.1.1　Manus 指令的基本格式

Manus 可以接收多种形式的指令输入，既可以是简单的问题，也可以是复杂的任务描述。一个结构良好的指令通常包含："任务类型""具体要求""预期输出""上下文信息"和"优先级与约束"五大要素。

1）任务类型：明确指出你希望 Manus 执行什么类型的任务，如"分析""创建""总结""比较"等。例如，"分析这份销售数据"比简单地说"看看这些数据"更明确。

2）具体要求：详细说明任务的具体要求和参数，如时间范围、数据来源、格式要求等。例如，"分析过去 3 个月的销售数据，重点关注北美地区的增长趋势"。

3）预期输出：说明你期望的结果形式和内容，如"生成一份包含图表和关键发现的 PDF 报告"或"创建一个交互式仪表盘展示分析结果"。

4）上下文信息：提供任务相关的背景信息，帮助 Manus 更好地理解任务的目的和重要性。例如，"这份报告将用于下周的董事会会议，需要突出我们在竞争中的优势"。

5）优先级与约束：说明任务中的优先考虑因素和限制条件，如"报告篇幅控制在 10 页以内"或"分析应重点关注成本效益比"。

下面来看一个结构良好的 Manus 指令实例：

"请分析附件中 2024 年第一季度的销售数据，重点关注各产品线的销售趋势和地区分布。我需要一份包含数据可视化的 PPT，突出销售增长最快的 3 个产品和表现最好的 5 个销售区域。PPT 应包含执行摘要和建议，总页数控制在 15 页以内。这份演示将用于下周的销售团队会议，目的是调整第二季度的销售策略。"

这个指令清晰地说明了任务类型（分析）、数据范围（2024 年第一季度销售数据）、关注点（产品线的销售趋势和地区分布）、输出形式（PPT）、具体要求（突出特定内容、页数限制）以及背景信息（用途和目的）。

2.1.2　Manus 指令中关键词的使用

虽然 Manus 能够理解自然语言，但使用一些关键词将使指令更加精确和有效，以下是一些常用的关键词。

1）任务动词：使用明确的动词开始你的指令，如"分析""创建""总结""比较""评估""预测"等。这些动词直接指明了任务的性质。

2）数量：明确指出需要的数量，如"提供 3 个最佳选项""列出 5 个主要原因""分析前 10 名竞争对手"等。

3）时间：指定相关的时间范围或期限，如"过去 6 个月的数据""预测未来 3 年的趋势""在 24 小时内完成"等。

4）格式：说明期望的输出格式，如"PDF 报告""Excel 表格""PowerPoint（演示文稿）""交互式仪表盘"等。

5）风格：描述期望的内容风格，如"正式学术风格""简洁商务风格""通俗易懂的解释"等。

6）优先级标记：指出任务中的重点和优先考虑因素，如"重点关注成本效益""优先考虑用户体验""特别注意安全合规问题"等。

这些关键词可以组合使用，形成更精确的指令，以下是一个指令实例：

"创建一份关于可再生能源市场的综合报告，分析过去 5 年的全球趋势和未来 3 年的发展预测。报告应采用正式的商务风格，包含数据可视化和案例研究，重点关注太阳能和风能领域的技术创新与投资机会。最终输出一份不超过 30 页的 PDF 文件，附带一个包含关键数据的 Excel 表格。"

2.1.3 有效指令的构建技巧

构建有效指令的关键在于清晰、具体和结构化。以下是一些实用技巧。

1. 从目标出发

在给出具体指令前，先明确你希望通过这个任务达成什么目标。例如，"我需要了解我们的产品在年轻消费者中的表现，请分析"。

2. 分步骤描述

对于复杂任务，可以将其分解为多个步骤或阶段。例如，"首先，收集并整理过去 3 个月的社交媒体数据；然后，分析用户互动模式；最后，生成一份包含关键发现和建议的报告"。

3. 使用列表和结构

对于包含多个要求或参数的指令，可以使用编号或项目符号列表使其更清晰。例如：

请创建一个市场调研问卷，满足以下要求：

1. 目标受众：25～40 岁的城市专业人士。
2. 主题：智能家居产品使用习惯和偏好。
3. 问卷长度：不超过 15 个问题。
4. 包含多种问题类型：选择题、评分题和开放式问题。
5. 最后附加一个简短的人口统计信息收集表单。

4. 提供示例

如果对期望的输出有特定想法，可以提供示例或参考帮助 Manus 更好地理解。例如："请参考附件中的样式模板，创建一份类似的月度销售报告"。

5. 明确约束和限制

清楚地说明任何限制条件，如时间、资源、格式或内容限制。例如："报告应控制在 5 页以内，使用公司标准模板，并避免使用技术术语"。

6. 设置优先级

当任务有多个目标或要求时，明确它们的相对重要性。例如："在这次分析中，准确性比全面性更重要，可以专注于核心指标而非详尽的数据集"。

相信通过实践这些技巧，你可以构建出更加清晰、有效的指令，帮助 Manus 更准确地理解你的任务需求并精准执行。

2.2 利用 Manus 进行信息查询的指令技巧

信息查询是 Manus 的基础功能之一，从简单的事实查询到复杂的研究分析，Manus 都能提供强大支持。本节将介绍如何有效地使用 Manus 进行各类信息查询任务。

2.2.1 简单信息检索

简单信息检索指的是查询具体的事实、数据或定义等基础信息。这类查询通常有明确的答案，不需要复杂的分析或推理。查询指令应该简洁明了，直接指出需要的信息。以下是一些指令实例：

"什么是区块链技术？请提供简明的定义和基本原理。"

"2023 年全球前五大智能手机制造商的市场份额是多少？"

"维生素 D 的主要来源是什么？推荐每日摄入量是多少？"

"巴黎奥运会是什么时间举行的？请提供具体的开幕日期和闭幕日期。"

对于这类查询，Manus 会从其知识库中检索相关信息，或通过集成的搜索工具获取最新数据，然后提供准确、简洁的回答。如果信息有多个来源或存在争议，Manus 会说明这一点并提供不同的观点。

为了获得更精确的回答，我们可以在查询中指定信息的范围、深度和格式，指令实例如下：

"请用 200 字左右简要介绍量子计算的基本原理，避免使用过于专业的术语。"

"提供 2024 年全球十大经济体的 GDP 数据，以表格形式呈现，并注明数据来源。"

"解释人工智能领域中'深度学习'的概念，针对具有基础计算机知识但不熟悉 AI 的受众。"

2.2.2 复杂问题分析

复杂问题分析涉及需要综合多方面信息、进行推理或提供见解的查询。这类任务通常没有单一的"正确答案"，而是需要深入分析和专业判断。对于复杂问题，给 Manus 的指令应该明确问题的核心，提供必要的背景信息，并说明分析的目的和期望的深度。以下是一些指令实例：

"分析全球气候变化对农业生产的潜在影响。请考虑不同地理区域的差异，重点关注主要粮食作物的产量变化和适应策略。分析应基于最新的科学研究和数据，包括对未来 20 年的预测。"

"评估人工智能在医疗诊断中的应用前景。请分析当前的技术水平、成功案例、主要挑战（技术、伦理和监管方面）以及未来 5～10 年的发展趋势。"

"比较不同类型的可再生能源（太阳能、风能、水能、生物质能等）在成本效益、环境影响和技术成熟度方面的优缺点。分析应考虑不同地区和应用场景的特点。"

在处理复杂问题时，Manus 会整合多种信息源，应用批判性思维和专业知识，提供全面而平衡的分析。

为了获得更有价值的结果，可以采用以下方式：

- 指定分析框架：如 SWOT 分析、成本效益分析、风险评估等。
- 要求多角度考虑：如"请从技术、经济、社会和环境 4 个维度分析"。
- 设置分析深度：如"提供初步概览"或"进行深入的专业分析"。
- 明确输出结构：如"分析应包括现状概述、关键挑战、未来趋势和建议 4 个部分"。

2.2.3　多源信息整合

多源信息整合任务要求 Manus 从多个来源收集信息，并将其综合为一个连贯、全面的整体。这类任务特别适用于研究报告、文献综述、市场分析等场景。有效的多源信息整合指令应该明确信息的类型、来源范围、整合方式和输出格式。以下是一些指令实例：

"创建一份关于电动汽车市场的综合报告。请整合来自行业报告、学术研究、新闻媒体和公司财报的信息，涵盖市场规模、主要参与者、技术趋势、消费者态度和政策环境。报告应包含数据可视化，并明确引用信息来源。"

"对近 5 年发表的关于微塑料污染的主要研究进行文献综述。请关注研究方法、主要发现、争议点和研究差距。综述应按主题（而非按时间顺序）组织，并包含一个总结当前科学共识的部分。"

在多源信息整合任务中，Manus 会特别注重以下要点，这些要点可以帮助 Manus 输出准确且有效的结果信息：

- 信息的可靠性和时效性：优先使用权威来源和最新的数据。
- 观点的多样性和平衡性：呈现不同的视角和立场。
- 信息的组织和结构化：按逻辑关系而非简单堆砌整合信息。
- 透明的引用和溯源：明确标注信息的来源和时间。

为了获得更好的整合结果，也可以采用这些优化方法：
- 指定优先信息源：如"优先使用学术期刊和行业报告的数据"。
- 设置时间范围：如"仅考虑过去 3 年的信息"。
- 要求特定的整合方式：如"按照支持和反对的观点分类整理"。
- 指定输出的详细程度：如"提供一份 2 页的执行摘要和一份 15 页的详细报告"。

2.3 利用 Manus 进行内容创作的指令技巧

内容创作是 Manus 的另一个核心功能，从简单的文本撰写到复杂的多媒体内容规划，Manus 都能提供专业水准的支持。本节将介绍如何有效地使用 Manus 进行各类内容创作。

2.3.1 文档与报告生成

文档与报告生成是最常见的内容创作任务，包括商业报告、学术论文、技术文档、项目计划等各种形式。Manus 能够根据你的需求和提供的信息，生成结构清晰、内容专业的各类文档。

有效的文档与报告生成指令应该明确文档的类型、目的、受众、结构和风格要求。以下是一些指令实例：

"创建一份关于远程工作趋势的市场研究报告。报告应包括执行摘要、当前市场状况分析、主要驱动因素、挑战与机遇、未来 5 年的预测和战略建议。目标受众是考虑调整工作政策的企业高管。报告风格应专业但易于理解，长度约 20 页，包含相关数据图表和案例研究。"

"撰写一份关于人工智能在教育中应用的学术文献综述。综述应遵循 APA 格式，包括引言、方法学、主要研究领域（如个性化学习、自动评估、教育管理等）、研究差距、未来方向和结论。目标是提交给教育技术期刊，因此应采用学术语言和严谨的引用方式。"

"编写一份新产品发布的项目计划。产品是一款智能家居安全系统，计划在 6 个月内完成开发并上市。项目计划应包括项目概述、团队结构、里程碑时间表、资源需求、风险评估和沟通策略。文档将用于内部团队协调，风格应简洁明了，重点突出关键任务和责任分配。"

为了获得高质量的文档与报告，可以在指令中补充这些关键信息：

- 文档结构：明确各部分的内容和比重，如"执行摘要应占总篇幅的 10%，重点突出关键发现和建议"。
- 格式要求：指定文档格式、字体、页面设置等，如"使用公司标准模板，正文采用 12 号 Times New Roman 字体，1.5 倍行距"。
- 参考资料：提供应该引用或参考的关键资料，如"请参考附件中的市场数据和去年的年度报告"。
- 视觉元素：说明需要的图表、图片或其他视觉元素，如"每个主要部分应包含至少一个数据可视化图表，突出关键趋势"。
- 语言和风格：指定语言风格、专业程度和术语使用方式，如"使用简明的商务语言，避免过多技术术语，必要时提供术语解释"。

2.3.2 创意内容与营销文案生成

创意内容与营销文案包括广告文案、社交媒体内容、品牌故事、营销邮件等，这类内容需要兼具创意性和说服力。Manus 能够根据品牌调性和营销目标，生成引人入胜的创意内容。

有效的创意内容与营销文案生成指令应该明确目标受众、品牌调性、营销目标和内容形式。以下是一些指令实例：

"为我们新推出的有机护肤产品线创作一系列社交媒体帖子。目标受众是 25～40 岁注重健康生活方式的城市女性。品牌调性应温暖、真实、专业但不刻板。每个帖子应包括引人注目的标题、150～200 字的正文和 2～3 个相关标签建议。内容主题应围绕产品的天然成分、环保包装和有效成分的科学原理，强调'自然美'的理念。"

"撰写一封新产品发布的营销邮件。产品是一款高端智能手表，主打健康监测和运动追踪功能。目标受众是35～55岁健康意识高的专业人士。邮件内容应简洁有力，突出产品的独特卖点和早鸟优惠，包含明确的行动号召。风格应专业且友好，避免使用过于技术化的语言。"

"创作一个品牌故事，讲述我们咖啡公司的起源和价值观。我们是一家注重可持续发展和公平贸易的精品咖啡品牌，直接与小型咖啡农场合作。故事应真实、感人、有画面感，长度约500字，适合放在公司网站的'关于我们'页面中。语调应温暖而真诚，能传达我们对品质和社会责任的承诺。"

为了获得高质量的创意内容与营销文案，可以在指令中补充这些关键信息：

- 品牌指南：提供品牌色彩、语调、核心信息等品牌元素，如"我们的品牌色调是蓝色和绿色，代表信任和自然"。
- 参考案例：分享你喜欢的类似内容作为参考，如"风格类似于附件中的竞品广告，但更加强调情感连接"。
- 差异化要点：明确你希望强调的与竞品的区别，如"我们产品的主要优势是更长的电池寿命和更直观的用户界面"。
- 情感诉求：指明你希望唤起的情感反应，如"内容应给用户带来怀旧和温暖的感觉，使其回忆起童年的简单快乐"。
- 内容限制：说明需要避免的内容或表达方式，如"避免使用过于夸张的承诺或与竞品直接比较"。

2.3.3　多媒体内容规划

多媒体内容规划涉及视频脚本、播客大纲、演示文稿、交互式内容等多种形式的创作规划，Manus可以提供详细的内容规划和脚本，为多媒体内容的制作提供基础。

有效的多媒体内容规划指令应该明确内容类型、目的、结构、风格和技术要求。以下是一些指令实例：

"创建一个 5 分钟产品演示视频的脚本。产品是一款面向小型企业的客户关系管理软件。视频应包括简短的公司介绍、产品主要功能展示（联系人管理、销售跟踪、报告分析）、一个简短的使用案例和行动号召。脚本应包括旁白文本和视觉场景描述，语调专业且友好，避免过于技术化的术语。目标是让潜在客户了解产品如何能解决他们的实际问题。"

"设计一个 10 页的面向投资者的 PPT。我们是一家医疗科技初创公司，正在寻求 A 轮融资。PPT 应包括市场机会、我们的技术创新、商业模式、竞争优势、团队介绍、财务预测和融资需求。每页 PPT 应包含主要内容建议和视觉元素描述。风格应专业、简洁、数据驱动，突出我们解决重要医疗问题的能力和市场潜力。"

"规划一个 6 集的教育播客系列，主题是'数字时代的个人财务管理'。每集约 30 分钟，面向 25～40 岁的年轻专业人士。请提供每集的主题建议、内容大纲、可能的嘉宾类型和关键讨论点。系列应从基础概念开始，逐步深入到更复杂的策略，风格应轻松但信息丰富，平衡理论知识和实用建议。"

为了获得高质量的多媒体内容规划，可以在指令中补充这些关键信息：

- 目标平台：指明内容将发布的平台，如"视频将发布在抖音和小红书上"。
- 技术限制：说明制作限制，如"演示将使用 PPT 制作，应避免复杂的动画效果"。
- 参考风格：提供参考风格，如"播客风格类似于'Planet Money'，信息性强但轻松有趣"。
- 受众知识水平：明确受众的背景知识，如"假设观众对基本金融概念有了解，但不熟悉投资策略"。
- 互动元素：说明需要的互动部分，如"视频应包括 2～3 个适合社交媒体互动的环节"。

2.4 利用 Manus 进行数据处理的指令技巧

无论是简单的数据收集整理，还是复杂的数据分析和可视化，Manus 都能提供专业的支持。本节将介绍如何有效地使用 Manus 执行各类数据处理任务。

2.4.1 数据收集与整理

数据收集与整理是数据处理的基础步骤，包括从各种来源获取数据、清理数据、组织数据结构等工作。Manus 能够帮助你规划数据收集策略，处理原始数据，并将其转化为结构化的格式。

有效的数据收集与整理指令应该明确数据的类型、来源、范围和目标格式。以下是一些指令实例：

"帮我设计一个数据收集计划，用于跟踪电子商务网站的用户行为。我需要了解用户的浏览路径、停留时间、点击率和转化率。请说明应该收集哪些具体的数据点，推荐合适的收集工具和方法，以及如何组织这些数据以便后续分析。"

"我有一个包含客户反馈的 Excel 文件（已上传）。请帮我清理和整理这些数据：删除重复条目、标准化产品名称（有多种拼写变体）、将文本评论按主题分类（产品质量、客户服务、价格等），并创建一个结构化的数据集，便于进一步分析。"

"从以下 3 个公开数据源（链接已提供）中收集过去 5 年的全球可再生能源投资数据。请整合这些数据，确保格式和单位一致，处理缺失值，并创建一个按国家、能源类型和年份组织的综合数据集。最终数据应保存为 CSV 格式，并包含数据字典，用于解释各字段。"

为了获得更有效的数据收集与整理结果，可以在指令中加入以下信息：

❑ 数据质量要求：明确数据准确性、完整性和一致性的标准，如"确保所有日期使用相同的格式（YYYY-MM-DD）"。

- 处理规则：指定如何处理异常值、缺失数据或冲突信息，如"对于缺失的销售数据，使用该季度的平均值填充"。
- 数据转换需求：说明需要的数据转换或计算，如"将所有货币值转换为美元，使用提供的汇率表"。
- 隐私和合规考虑：指明任何涉及数据处理的法律或伦理限制，如"确保所有个人身份信息被适当匿名化"。
- 输出格式详情：详细说明期望的输出格式和结构，如"最终数据集应包含以下字段：ID、日期、地区、产品类别、销售额、利润率"。

2.4.2 表格制作与分析

表格是组织和呈现数据的常用方式，Manus 能够帮助你创建各种类型的表格，并进行基本的数据分析。

有效的表格制作与分析指令应该明确表格的目的、结构、内容和分析需求。以下是一些指令实例：

"根据附件中的月度销售数据，创建一个季度销售报告表格。表格应按产品类别和销售区域组织，显示每个季度的销售额、同比增长率和占总销售的百分比。请适当添加小计和总计行，并使用条件格式突出显示增长率超过 10% 或低于 −5% 的单元格。同时，请提供一个简短的分析，指出主要趋势和异常情况。"

"创建一个竞争对手分析表格，比较我们的产品与市场上主要竞争对手（A公司、B公司和C公司）产品的关键特性。比较维度应包括：价格范围、主要功能、目标客户群、市场份额、客户满意度评分和独特卖点。表格应清晰地展示各产品的优势和劣势，并在底部添加一个总体评估行。"

"分析附件中的员工绩效数据，创建一个部门绩效摘要表。表格应显示每个部门的平均绩效评分、最高和最低评分、评分分布、培训完成率和离职率。请计算部门绩效水平与公司整体平均水平的差异，并标出表现最佳和最需改进的 3 个关键指标。"

为了获得高质量的表格与分析结果，可以在指令中补充这些关键信息：

- 表格设计：指定表格的布局、格式和样式，如"使用公司标准配色方案，表头使用深蓝色背景白色文字"。
- 计算方法：明确任何计算的具体方法，如"增长率应使用［（本期－上期）／上期］×100% 计算，结果保留 1 位小数"。
- 分析深度：指明需要的分析深度和重点，如"重点分析销售额与营销支出的相关性，识别投资回报率最高的渠道"。
- 可读性要求：说明表格的目标受众和可读性需求，如"表格将用于高管简报，应简洁明了，避免过多技术细节"。
- 辅助说明：要求添加必要的注释、图例或说明，如"为使用的所有特殊计算方法或数据来源添加脚注说明"。

2.4.3 可视化图表生成

数据可视化是将复杂数据转化为直观图形的有效方式，能够帮助发现模式、趋势和关系。Manus 可以提供详细的可视化设计方案和代码，帮助你创建各种图表。

有效的可视化图表生成指令应该明确图表类型、数据来源、设计要求和目标受众。以下是一些指令实例：

"基于附件中的季度销售数据，设计一套数据可视化方案，用于年度销售会议演示。方案应包括：①一个显示各产品线销售趋势的折线图；②一个比较不同地区销售贡献的饼图或堆叠柱状图；③一个展示实际销售数据与目标销售数据对比的条形图。请提供每个图表的详细设计说明，包括建议的颜色方案、标签设置、比例尺选择和任何需要强调的数据点。"

"为我们的年度可持续发展报告设计一个交互式仪表盘原型。仪表盘应展示公司在碳排放、水资源使用、废物管理和可再生能源采用方面的表现。请推荐适合每种指标的可视化图表类型，设计仪表盘的布局和交互元素，并说明如何使用颜色和形状有效展现我们的环保进展。"

"分析附件中的客户调查数据，创建一组可视化图表，揭示客户满意度的关键驱动因素。请包括：①一个显示整体满意度分布的直方图；②一个比较不同客户群体满意度的箱线图；③一个展示各方面服务的评分与整体满意度相关性的热力图或散点图。每个图表应配有简短的解释，并提出主要发现和可能的行动建议。"

为了获得高质量的可视化图表，可以在指令中补充这些关键信息：

- 视觉风格：指定颜色方案、字体和整体美学风格，如"使用公司品牌色彩（提供色码），保持简洁现代的设计风格"。
- 受众考虑：说明目标受众的专业水平和需求，如"图表将面向非技术背景的高管，应避免复杂的统计术语"。
- 交互需求：指明任何需要的交互功能，如"用户应能按地区和时间段筛选数据"。
- 叙事要求：说明图表应展示的故事或信息，如"可视化图表应能清晰展示我们在过去 3 年中的显著改进"。

第 3 章 | CHAPTER

Manus 官网体验用例的精选解读

3.1 内容创作相关的 Manus 案例

3.1.1 提词器生成

Manus 在这个案例中的运行过程可以分为几个主要步骤，每个步骤都是为了满足用户的需求，即将用户上传的演讲稿转换成一个易于使用的提词器演示。

1. 接收用户需求

用户上传了一个演讲稿文件（Speech on AIGC.docx），并提出了具体的要求：将演讲稿转换成一个提词器演示，背景为黑色，文字为白色，且内容必须完全按照演讲稿的原文，不能有任何改动或遗漏。

2. 提取文本内容

Manus 首先从用户上传的文档中提取文本内容。这一步确保了演讲稿的原文被完整地提取出来，为后续的提词器制作做好准备。

3. 创建 HTML 提词器

Manus 根据用户的需求，创建了一个 HTML 格式的提词器演示。这个提词器的背景是黑色的，文字是白色的，确保了良好的可读性。提词器的内容完全来自用户上传的演讲稿，没有做任何修改或删减。

4. 测试提词器功能

在创建完提词器后，Manus 进行了功能测试。它启动了一个本地服务器来运行提词器，确保所有功能（如开始滚动、暂停、重置、速度控制等）都能正常工作。这一步是为了确保用户在使用时不会遇到任何技术问题。

5. 部署提词器

测试通过后，Manus 将提词器部署到一个临时的 URL 上，用户可以访问这个 URL 来使用提词器。这个 URL 是临时的，意味着它可能在一段时间后失效。

6. 添加字体大小控制

用户进一步提出了需求，希望提词器能够增加控制字体大小的按钮，并且希望将提词器部署为一个永久可访问的 URL。Manus 根据这个需求，开始为提词器添加控制字体大小的功能。

7. 再次测试和部署

在添加了字体大小控制功能后，Manus 再次进行了测试，以确保新功能正常工作。然后，Manus 尝试将提词器部署为一个永久 URL。在这个过程中，Manus 需要得到用户的确认，以确保用户同意将服务部署到公网上。

8. 提供永久 URL

最终，Manus 成功地将提词器部署为一个永久 URL，并将这个 URL 提供给用户。用户可以通过这个 URL 随时访问提词器，并且可以使用字体大小控制按钮来调整文字大小，确保在不同设备上都能有良好的阅读体验。

9. 总结

在整个过程中，Manus 展示了其自动化处理用户需求的能力。它能够快速提取文本、创建 HTML 页面、测试功能、部署服务，并且根据用户的反馈进行功能扩展。最终，用户得到了一个完全符合需求的提词器演示，并且可以通过一个永久 URL 随时访问。

10. 用户体验

对于用户来说，整个过程非常简单。用户只需要上传演讲稿，提出需求，Manus 就会自动完成剩下的工作。用户不需要具备任何编程或技术知识，就可以得到一个功能完善的提词器演示，如图 3-1 所示。

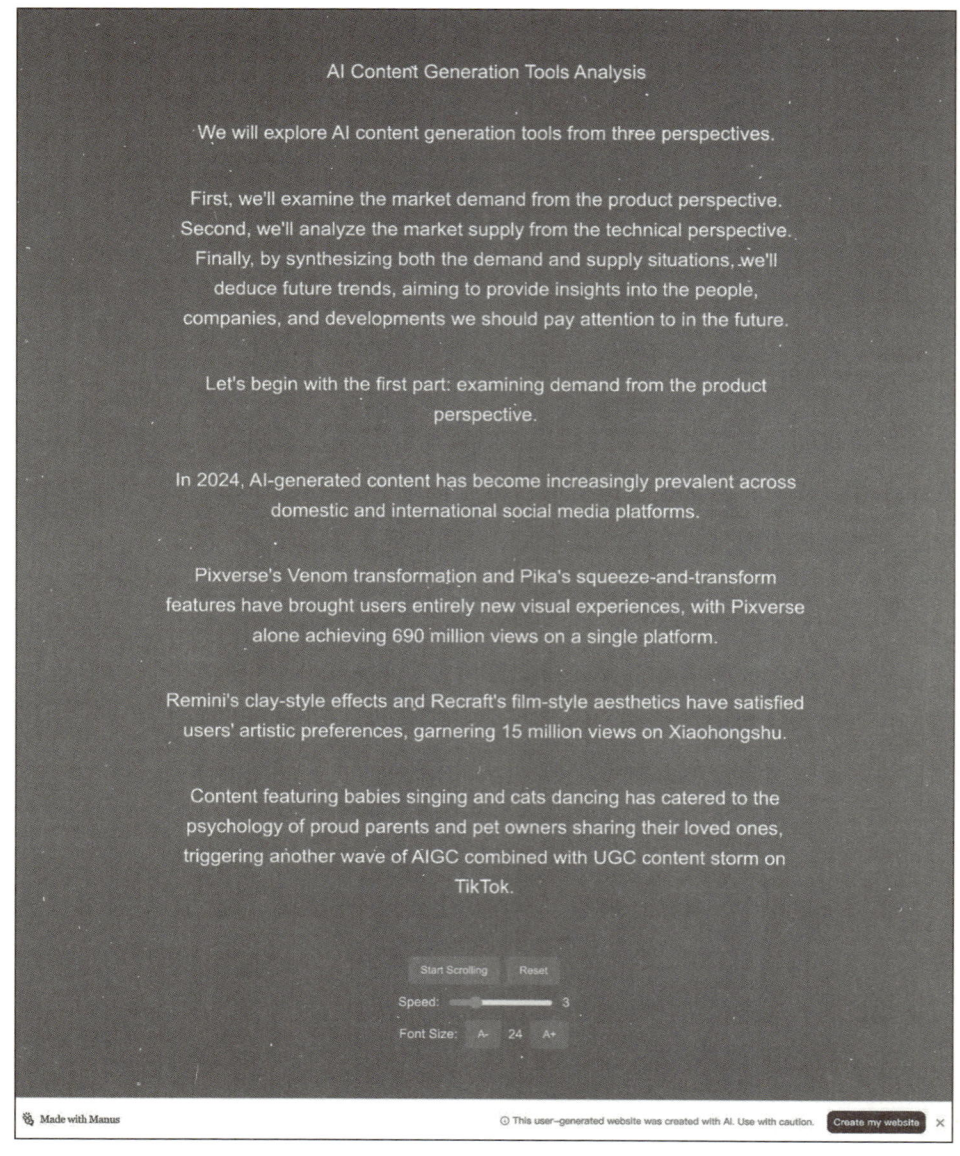

图 3-1　Manus 生成的提词器演示

总的来说，Manus 在这个案例中展示了其高效、自动化处理用户需求的能力，确保了用户能够轻松获得一个符合其需求的提词器演示。

3.1.2 音频处理与高光集锦制作过程

在这个案例中，Manus 的任务是从一个 45.97MB 的播客音频文件中提取出 2 分钟的关键内容，并制作成一个高光集锦。Manus 的运行过程可以分为几个主要步骤。

1. 安装必要的工具

Manus 首先需要安装一些音频处理工具，这些工具可以帮助它分析音频文件。就像你要修车，得先准备好扳手和螺丝刀一样，Manus 也需要准备好"工具"才能开始工作。

2. 分析音频文件

接下来，Manus 开始分析音频文件，了解文件的格式、时长和内容。这就像你在听一段录音时，先了解它的时长，以及里面大概讲了些什么。Manus 通过分析音频，确定哪些部分是关键内容，哪些部分可以忽略。

3. 转录内容

Manus 开始将音频内容转录成文字。这一步就像你在听录音时，把重要的句子写下来。通过转录，Manus 可以更容易地找到那些观点清晰或内容有趣的句子。

4. 识别关键引述

在转录的基础上，Manus 开始识别出那些关键的引述。这些引述通常是一些完整的句子，表达了明确的观点或包含有趣的内容。Manus 会标记出这些引述的时间点，方便后续提取。

5. 提取音频片段

一旦识别出关键引述，Manus 就会从原始音频中提取出这些片段。这就像你在剪辑视频时，把精彩的片段剪出来，准备做成一个集锦。

6. 排列和过渡

Manus 将这些提取出来的音频片段按照一定的顺序排列，并确保它们之间的过渡平滑、自然。它会使用一些技术手段，比如交叉、淡入、淡出效果，让片段之间的切换听起来更加流畅。

7. 创建最终的高光集锦

在排列好所有片段后，Manus 会生成一个最终的 2 分钟高光集锦。这个集锦包含了 8 个精心挑选的片段，涵盖了 DeepSeek R1 模型的介绍、AI 能力、自我意识、性能指标、当前局限性和未来发展潜力等内容。

8. 验证和交付

最后，Manus 会验证这个高光集锦的质量，确保它符合要求。一旦确认无误，Manus 会将最终的音频文件和文字转录文档交付给用户。

9. 总结

Manus 的整个运行过程可以简单概括为：准备工具→分析音频→转录内容→识别关键引述→提取片段→排列和过渡→创建集锦→验证和交付。这个过程就像是一个专业的剪辑师，从大量的素材中挑选出最精彩的部分，制作成一个简短但内容丰富的集锦，如图 3-2 所示。

通过这个过程，Manus 不仅高效地完成了任务，还确保了最终输出的高光集锦质量上乘、内容有趣、观点清晰。

3.1.3 品牌形象设计

在这个案例中，Manus 的任务是根据 TechCrunch 网站的设计风格和视觉语言，为用户创建一套适用于 PowerPoint 的图标。整个过程可以分为几个主要步骤。

1. 理解需求

首先，Manus 需要明确任务的具体要求。用户希望 Manus 根据 TechCrunch

网站的设计风格，创建一套丰富、吸引人且与网站设计语言一致的图标。这些图标将用于 PowerPoint 中，帮助用户在演示时保持品牌的一致性。

图 3-2　Manus 生成的高光集锦

2. 分析网站设计

接下来，Manus 开始分析 TechCrunch 网站的设计风格和视觉语言。这一步非常关键，因为只有深入理解网站的设计元素，才能确保后续创建的图标与网站风格保持一致。Manus 会仔细研究网站的颜色、字体、形状、图标风格等视觉元素，找出其中的关键设计元素。

3. 提取关键设计元素

在分析完网站后，Manus 会提取出一些关键设计元素。比如，TechCrunch 网站可能使用了特定的绿色调、黑色背景、圆角矩形、简洁的几何形状等。这些元素将成为后续图标设计的基础，以确保图标与网站的整体风格一致。

4. 设计图标概念

在提取出关键设计元素后，Manus 开始构思图标的设计概念。这个阶段，Manus 会考虑图标的用途和类别，比如"创业""科技""数据""人工智能"等。每个图标都需要在视觉上传达出相应的含义，同时保持与 TechCrunch 网站风格的一致。

5. 创建图标

有了设计概念后，Manus 开始正式创建图标。Manus 使用了一些工具（如 SVG 工具和 Python）来绘制图标，确保图标的线条、颜色、形状等细节都符合 TechCrunch 网站的视觉语言。Manus 会反复调整图标的设计，确保它们既美观又实用。

6. 准备图标格式

图标设计完成后，Manus 需要将它们转换为适合 PowerPoint 使用的格式。通常，PowerPoint 支持 SVG 和 PNG 格式的图标。Manus 会将图标转换为不同尺寸的 PNG 文件（如 64px、128px、256px），以便用户在不同场景下使用。

7. 打包压缩

最后，Manus 将所有图标和相关的使用说明打包成一个压缩文件，方便用户下载和使用。Manus 还提供了一份详细的 PowerPoint 使用指南，帮助用户了解如何将图标插入 PowerPoint 稿，并进行自定义设置。

8. 交付成果

Manus 最终交付了一套包含 11 个图标的完整图标集，涵盖了多个关键类别（如创业、科技、数据、人工智能等）。这些图标不仅在视觉上与 TechCrunch 网站保持一致，还提供了多种格式和尺寸，方便用户在 PowerPoint 中灵活使用。

9. 总结

Manus 的整个运行过程可以简单概括为：理解需求→分析设计→提取元素→设计概念→创建图标→准备格式→打包压缩→交付成果。整个过程非常系统化，确保了最终交付的图标不仅美观，而且风格与 TechCrunch 网站高度一致。通过这种方式，Manus 帮助用户在 PowerPoint 中保持了品牌的一致性，提升了内容的专业性和视觉吸引力，如图 3-3 所示。

3.1.4 设计与创建简约优雅名片

在这个案例中，Manus 的任务是从用户提供的简历中提取信息，并基于苹果的设计哲学创建一张简洁、优雅的名片。

1. 提取简历信息

首先，Manus 需要从用户提供的简历中提取关键信息。这些信息包括用户的姓名、职位、公司名称、联系方式（如电子邮件、电话、地址）等。Manus 通过多次"提取信息"的操作，确保所有必要的信息都被准确无误地收集起来。这一步非常重要，因为名片的最终设计将基于这些信息。

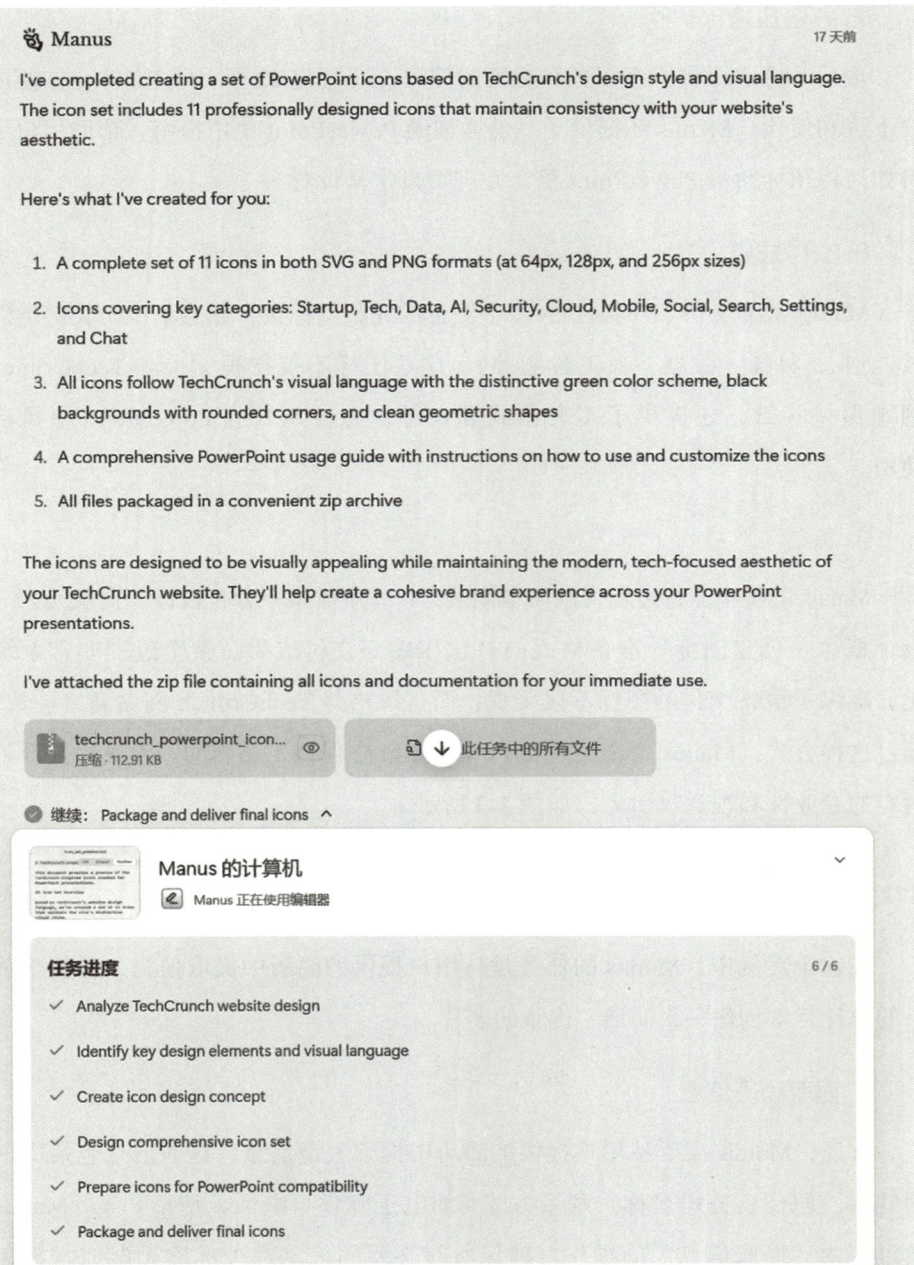

图 3-3　Manus 生成的品牌形象设计

2. 研究苹果的设计哲学

接下来，Manus 开始研究苹果的设计哲学。苹果的设计以简洁、优雅、注重细节著称，通常采用极简主义风格，使用大量的留白、清晰的字体和简单的图标。Manus 通过多次"研究苹果设计哲学"的操作，确保自己完全理解并能够应用这些设计原则。这一步骤确保了名片的设计风格与苹果的设计理念一致。

3. 设计名片概念

在提取了简历信息并研究了苹果的设计哲学之后，Manus 开始设计名片的初步概念。这个阶段，Manus 会考虑如何将用户的信息以一种简洁、优雅的方式呈现出来。设计过程中，Manus 会多次调整布局、字体、颜色等元素，确保最终的设计既符合苹果的设计风格，又能清晰地传达用户的信息。

4. 实现 HTML/CSS 代码

名片概念确定后，Manus 开始将设计转化为 HTML 和 CSS 代码。HTML 用于定义名片的结构，而 CSS 则用于控制名片的样式。Manus 通过编写代码，将概念转化为一个可以在网页上显示的名片。这一步确保了名片的设计不仅美观，而且可以在不同的设备和浏览器上保持一致的表现。

5. 转换为 PDF 格式

为了让用户能够方便地打印和使用名片，Manus 将 HTML/CSS 代码转换为 PDF 格式。PDF 是一种广泛使用的文件格式，适合打印和分享。Manus 使用 WeasyPrint 工具来完成这一转换，确保 PDF 文件的质量和设计的一致性。

6. 验证设计质量

在生成 PDF 文件后，Manus 会多次验证设计的质量。这包括检查名片的布局、字体、颜色、图标等是否符合预期，确保没有任何错误或瑕疵。这一步骤确保了最终交付给用户的名片是高质量的。

7. 交付最终设计

最后，Manus 将设计好的名片以 HTML 和 PDF 两种格式交付给用户。用户可以根据需要选择使用哪种格式。Manus 还提供了详细的设计说明，解释了名片的设计理念和苹果设计哲学的应用。

8. 总结

Manus 的整个运行过程可以简单概括为：提取信息→研究设计哲学→设计概念→实现代码→转换格式→验证质量→交付设计。整个过程体现了 Manus 对细节的关注和对用户需求的精准把握。通过结合苹果的设计哲学，Manus 成功地为用户创建了一张简洁、优雅且实用的名片，如图 3-4 所示。

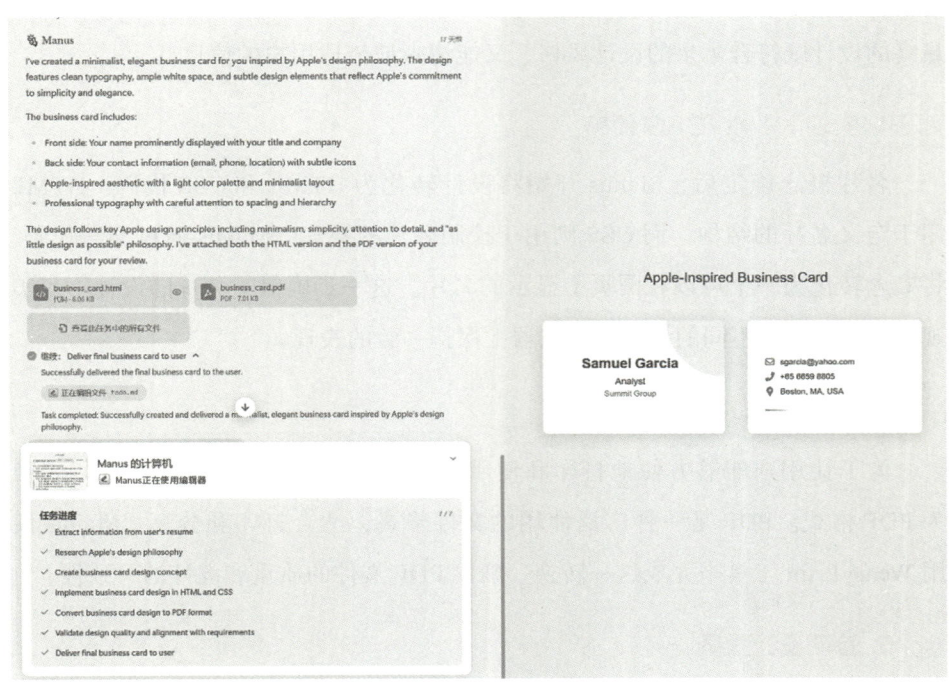

图 3-4　Manus 设计与创建的名片

这个案例展示了 Manus 如何通过系统化的步骤，将用户的需求转化为高质量的设计成果。无论是从简历中提取信息，还是将设计理念转化为实际的 HTML/CSS 代码，Manus 都展现出了高效、精准和专业的能力。

3.1.5　设计音效

在这个案例中，Manus 的任务是设计一个混合了鸟鸣声和蒸汽声的音效，时长为 3 秒。

1. 环境准备与工具选择

首先，Manus 尝试设置一个合适的环境来创建音效。它检查了系统中是否有现成的音频处理工具（如 ffmpeg 和 sox，这些都是常用的音频处理软件）。然而，Manus 发现这些工具无法正常安装，可能是因为系统包仓库的时间戳问题或其他技术问题。于是，Manus 决定换一种方式，使用 Python 的音频库来完成这个任务。Python 有很多强大的音频处理库，比如 pydub、numpy 和 librosa，这些库可以替代传统的系统工具，帮助 Manus 完成音效的混合和处理。

2. 音效素材获取

接下来，Manus 需要获取鸟鸣声和蒸汽声的音效素材。它首先搜索并下载了鸟鸣声的样本。Manus 使用了 Pixabay 这个免费的音效库，Pixabay 上有大量高质量的音频素材。Manus 在 Pixabay 上浏览并下载了合适的鸟鸣声样本。下载完成后，Manus 将这些音频文件组织到一个目录结构中，方便后续处理。

然后，Manus 开始寻找蒸汽声的样本。同样地，它再次使用 Pixabay，找到了合适的蒸汽声样本并下载。这些蒸汽声样本将被用来与鸟鸣声混合，创造出最终的音效。

3. 音效混合与处理

有了鸟鸣声和蒸汽声的素材后，Manus 开始编写 Python 脚本来混合这两个音频文件。这个脚本的主要任务是将鸟鸣声和蒸汽声按照一定的音量比例混合在一起，并确保最终的音效时长为 3 秒。

Manus 首先安装了必要的 Python 音频库（如 pydub 和 numpy），这些库可以帮助它处理音频文件。然后，Manus 编写了一个脚本，将鸟鸣声和蒸汽声的音量调整到合适的水平。在这个混合过程中，鸟鸣声被设置为稍微突出一些，而蒸汽声则作为背景音效存在。接着，Manus 使用 ffmpeg 工具对音频进行处理，确保最终的音效时长精确到 3 秒。

4. 最终交付

在音效混合完成后，Manus 对最终的音频文件进行了验证，确保它的时长和音质都符合要求。最终生成的音效文件时长为 3.03 秒，完美地混合了鸟鸣声和蒸汽声。Manus 将这个音效文件打包，并准备交付给用户。

5. 总结

Manus 的整个运行过程可以简单概括为以下几个步骤：
- 环境准备：检查并安装必要的工具和库。
- 素材获取：从免费音效库中下载鸟鸣声和蒸汽声的样本。
- 音效混合：使用 Python 脚本将两个音频文件混合，并调整音量和时长。
- 最终交付：验证音效文件并交付给用户。

整个过程展示了 Manus 在面对技术挑战时的灵活应对能力。当传统的音频处理工具无法使用时，Manus 迅速切换到 Python 库，并通过编写脚本完成了任务。最终，Manus 成功地为用户创造了一个高质量的、混合了鸟鸣声和蒸汽声的 3 秒音效。

通过这个案例，我们可以看到 Manus 在音频处理方面的强大能力，尤其是在面对技术问题时，它能够灵活调整策略，确保任务的顺利完成，如图 3-5 所示。

3.1.6 互动剧本开发

在这个案例中，Manus 的任务是开发一个奇幻电影剧本，探索玛雅文明和古埃及文明之间的假设性互动。

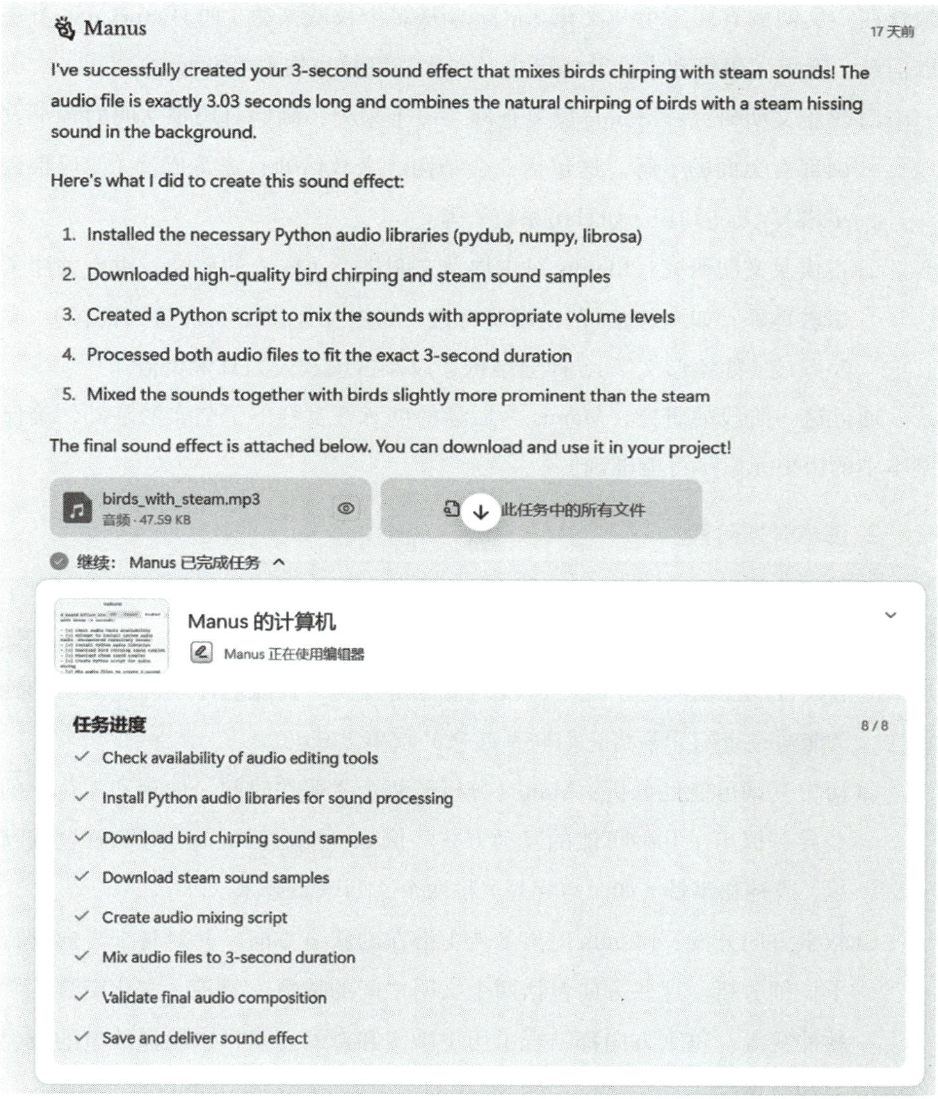

第 3 章　Manus 官网体验用例的精选解读 43

图 3-5　Manus 完成音效设计

1. 研究阶段

首先，Manus 对玛雅文明和古埃及文明展开深入研究。这个阶段的目标是收集足够的历史背景信息，以确保剧本在保持奇幻元素的同时，能够尊重和反映这两个文明的真实历史与文化。Manus 从多个权威来源（如 History.com）获取信息，涵盖了玛雅和古埃及的历史、文化、宗教与技术等方面。

- 玛雅文明研究：Manus 反复查阅了多个来源，确保对玛雅文明的各个方面都有全面的了解。这包括社会结构、宗教信仰、建筑成就（如玛雅金字塔）、天文知识（如日历系统）等。
- 古埃及文明研究：Manus 对古埃及文明进行了深入的研究，重点关注了宗教体系（如多神信仰）、建筑奇迹（如埃及金字塔和狮身人面像）、文字系统（如象形文字）、社会结构，以及古埃及人的日常生活。

通过这一阶段的研究，Manus 为后续的创意开发打下了坚实的基础，确保剧本中的历史元素尽可能准确。

2. 创意开发阶段

在研究的基础上，Manus 开始探索这两个文明之间可能的互动方式。由于玛雅文明和古埃及文明在历史上并没有直接接触，Manus 需要发挥想象力，提出一些假设性的互动场景。这一阶段的重点是找到一种既能体现两个文明的独特性，又能通过奇幻元素将它们联系起来的叙事方式。

- 历史互动可能性分析：Manus 分析了两个文明在时间、地理和文化上的差异，提出了几种可能的互动方式。例如，通过天文现象（如日食或彗星）或神秘事件（如时空穿越）将两个文明联系起来。
- 叙事方向开发：Manus 提出了 4 个潜在的叙事方向，并对每个方向进行了详细分析。这些方向包括两个文明之间的战争、贸易、文化交流、宗教冲突等。每个方向都结合了历史事实和奇幻元素，以确保故事的吸引力和合理性。

3. 概念选择阶段

在提出了多个叙事方向后，Manus 需要从中选择一个最具有吸引力和可行性的概念。经过仔细评估，Manus 最终选择了名为"The Celestial Exchange"（《天界交换》）的概念。

《天界交换》的核心理念是：在一次罕见的天文现象（如行星连珠）期间，玛雅和古埃及的两个高级祭司发生了意识交换。通过这种意识交换，两个角色得以体验对方的文化和信仰，从而引发一系列关于身份、信仰和文明冲突的深刻思考。这个概念的优点在于，它通过一个有限的奇幻元素（意识交换）将两个文明联系起来，同时保留了它们各自的历史真实性。

4. 剧本大纲起草阶段

在确定了核心概念后，Manus 开始起草剧本的初步大纲。这个大纲遵循了经典的三幕结构，确保故事有清晰的起承转合。

- 第一幕：介绍两个文明和主要角色，设定故事背景。玛雅和古埃及的高级祭司正分别在自己的文明中准备一次重要的宗教仪式，以迎接即将到来的天文现象。
- 第二幕：天文现象发生，两位祭司的意识发生了交换。他们必须适应对方的文化和环境，同时面对来自自己文明内部的挑战。这部分将重点展示两个文明之间的差异和相似之处，以及角色如何在陌生的环境中生存和成长。
- 第三幕：两位祭司最终找到了回到自己身体的方法，但他们的经历改变了他们对世界的看法。他们决定利用这次经历促进两个文明之间的理解和合作，故事以两个文明的和平共处和相互尊重结束。

5. 最终交付

Manus 完成了所有的研究、创意开发和剧本大纲，并将这些材料整理成一个完整的项目文件，包括研究文档、创意灵感参考、叙事方向分析和最终的剧本大纲。所有这些材料都存储在"screenplay_project"目录中，用户可以随时查阅。

6. 总结

Manus 的整个运行过程可以简单概括为：研究→创意开发→概念选择→剧

本大纲起草→最终交付。整个过程展示了 Manus 如何通过系统的研究和创意开发，将一个复杂的任务分解为多个可管理的步骤，并最终交付一个既符合历史事实又充满奇幻色彩的剧本概念，如图 3-6 所示。

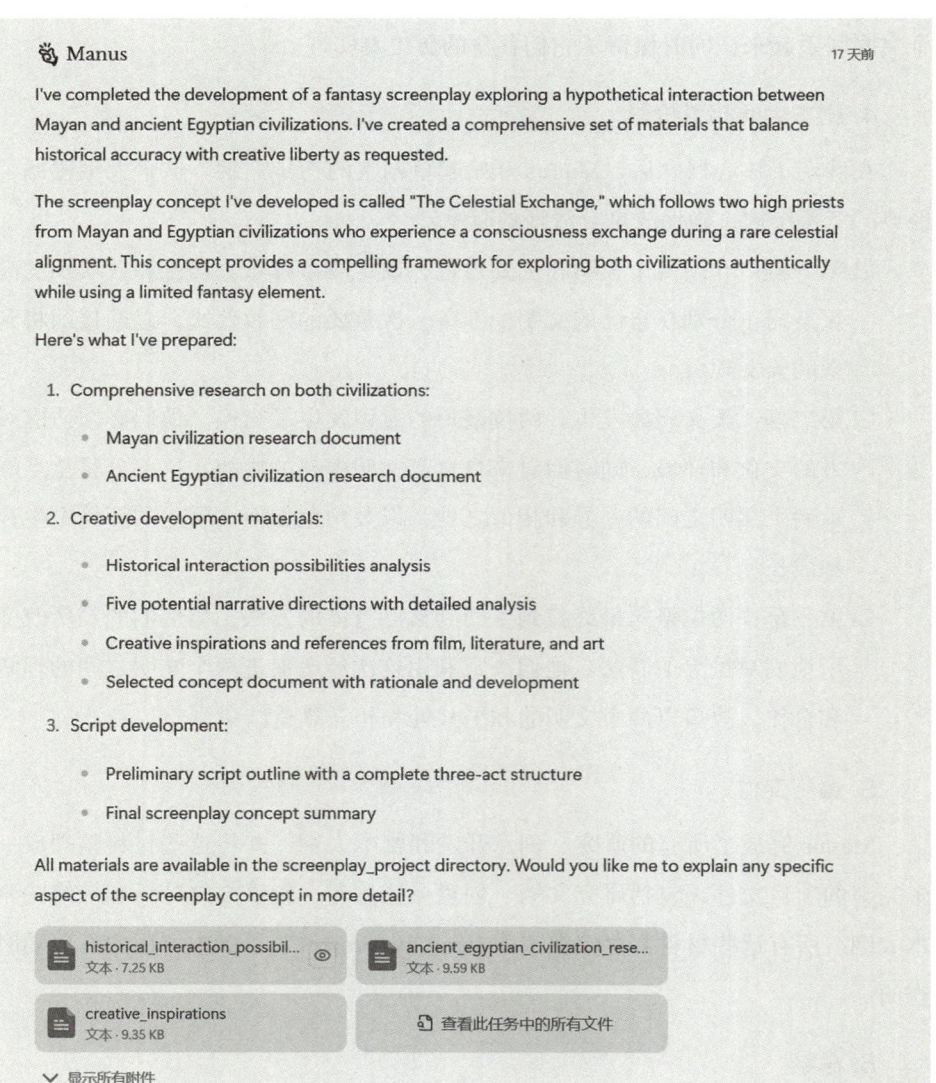

图 3-6　Manus 生成的互动剧本

3.1.7 数字内容体验评估分析

在这个案例中，Manus 的任务是撰写一份 PaletteMaker.com 网站的产品报告。

1. 访问网站

首先，Manus 尝试访问 PaletteMaker.com 网站。这一步是为了确保能够顺利进入平台，以便开始后续的探索和测试。如果网站无法访问，后续的工作就无法进行。Manus 成功进入网站后，开始浏览主页内容，了解网站的基本结构和导航元素。

2. 探索功能

在成功访问网站后，Manus 开始系统地探索网站的主要功能。这包括浏览主页上的内容，查看颜色调色板的示例，以及了解网站的颜色理论部分。Manus 还滚动浏览了整个主页，确保没有遗漏任何重要的功能或信息。通过这一步，Manus 对网站的整体布局和功能有了初步的了解。

3. 测试调色板创建工具

接下来，Manus 开始测试网站的核心功能——调色板创建工具。Manus 点击了"启动应用"按钮，进入了调色板生成器界面。在这里，Manus 测试了各种调色板生成选项和自定义功能，包括编辑、混洗和过滤选项。Manus 还测试了调色板的导出功能，确保用户可以方便地保存和分享他们创建的调色板。

4. 测试保存和分享选项

在完成调色板创建工具的测试后，Manus 转向测试调色板的保存和分享功能。Manus 检查了导出功能的不同格式，包括代码导出功能。此外，Manus 还查看了是否有账户功能，以便用户可以保存他们的调色板。虽然 PaletteMaker.com 没有用户账户功能，但 Manus 发现它提供了多种导出选项和社交媒体集成，方便用户分享他们的作品。

5. 测试其他功能和工具

在完成调色板创建和分享功能的测试后，Manus 继续测试网站的其他功能和工具。这包括浏览菜单选项、颜色浏览功能、颜色搜索功能，以及关于颜色心理学的教育内容。Manus 还测试了不同的导航方法，确保用户可以通过多种方式访问网站的各种功能。

6. 评估用户界面和体验

在测试了所有主要功能后，Manus 开始评估网站的用户界面和用户体验。Manus 检查了网站的易用性、导航的流畅性以及整体设计的直观性。通过这一步，Manus 能够确定网站在用户体验方面的优势和不足。

7. 生成产品报告

最后，Manus 将所有测试和评估的结果汇总，生成了一份全面的产品报告。这份报告包括对 PaletteMaker.com 的总体概述、详细的功能分析、对用户界面和体验的评估、平台的优缺点、与类似工具的比较，以及对用户的建议。Manus 还特别指出，PaletteMaker.com 是一个设计良好的调色板生成工具，支持 AI 辅助创建、设计实时可视化，拥有全面的导出选项。尽管它没有用户账户功能，但它完全免费，没有高级付费选项。

8. 总结

Manus 在这个案例中的运行过程非常系统和全面。从访问网站到生成最终的产品报告，Manus 在每一步都进行了详细的测试和评估。通过这种方式，Manus 能够为用户提供一份详尽的产品报告，帮助他们了解 PaletteMaker.com 的功能和优缺点。这种系统化的方法确保了评估的全面性和准确性，使用户能够做出明智的决策，如图 3-7 所示。

palettemaker_product_report 预览 代码

PaletteMaker.com Comprehensive Product Report

Executive Summary

PaletteMaker.com is a web-based color palette generation tool that allows users to create, customize, and export color palettes for various design applications. The platform combines AI-powered palette generation with practical design previews, enabling users to visualize how color combinations work in real-world design contexts. This report provides a comprehensive evaluation of PaletteMaker.com's features, functionality, user experience, and overall value proposition.

The platform stands out for its intuitive interface, diverse visualization options, and comprehensive export capabilities. It offers a completely free service with no premium tiers or account requirements. While the absence of user accounts means all work is session-based with no persistent storage, the straightforward export options mitigate this limitation for most use cases.

PaletteMaker.com is suitable for both professional designers seeking quick color inspiration and beginners learning about color theory and palette creation. The educational content about color psychology adds significant value beyond the core palette generation functionality.

Product Overview

Purpose and Target Audience

PaletteMaker.com is designed to help users create harmonious color palettes for various design applications. The platform targets:

- Professional designers seeking color inspiration
- Web and mobile UI/UX designers
- Graphic designers and illustrators
- Digital artists
- Design students and educators
- Hobbyists and casual users interested in color theory

Core Value Proposition

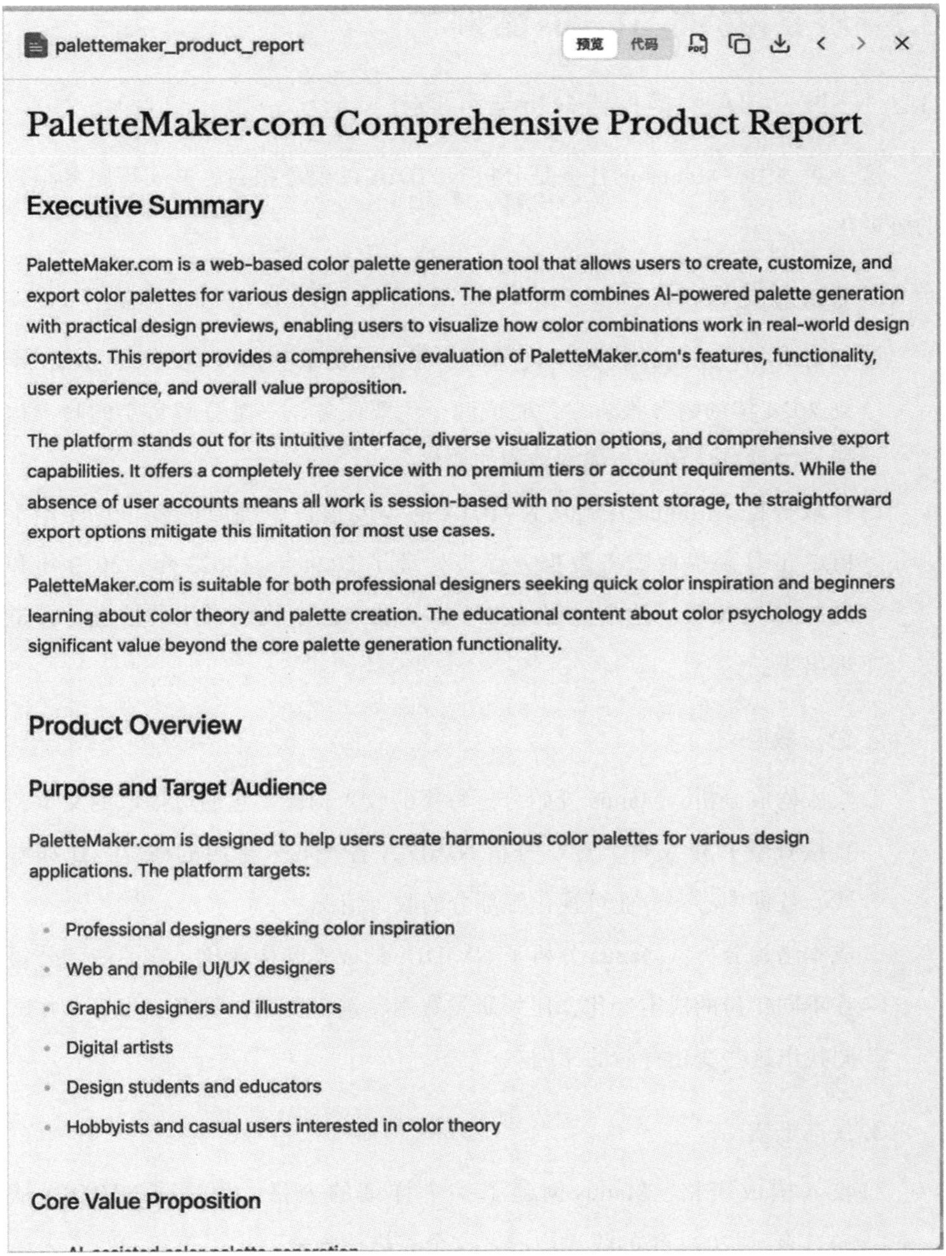

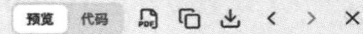

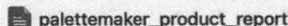

图 3-7 Manus 生成的产品报告

3.2 研究相关的 Manus 案例

3.2.1 NVIDIA 财务报告分析与可视化

这个案例中，Manus 的任务是分析 NVIDIA 的财务报告，并实现财务报告的可视化。

1. 提取数据

- 任务开始：Manus 首先接收到一个任务，要求分析 NVIDIA 从 2021 年到 2024 年的财务报告，并完成两个主要任务，一是分解每年的收入构成，二是总结和分析成本结构的变化。
- 提取数据：Manus 开始从 NVIDIA 的年度报告中提取内容。它使用了 PDF 工具来提取财务数据，逐步处理了 2024 年、2023 年、2022 年和 2021 年的报告。这个过程类似于从一堆文件中找出有用的信息，并整理出来。

2. 分析数据

- 收入构成分析：Manus 开始分析每年的收入构成。它通过提取的文本和直接查看 PDF 文件，逐步分析 NVIDIA 各种收入来源的情况，比如游戏、数据中心、专业可视化等部分的收入情况。
- 成本结构分析：Manus 分析了 NVIDIA 的成本结构变化。它关注到公司在不同年份的成本变化，比如研发费用、销售费用、管理费用等，并试图找出这些变化背后的原因。

3. 生成报告

- 收入构成表格：Manus 创建了一个详细的表格，展示了 NVIDIA 从 2021 年到 2024 年的收入构成。这个表格清晰地列出了每年的收入来源及其占比，帮助用户一目了然地看到 NVIDIA 的收入结构变化。

第 3 章　Manus 官网体验用例的精选解读 51

❑ 成本结构报告：Manus 还生成了一份详细的成本结构分析报告，总结了 NVIDIA 在这 4 年中成本结构的变化，并分析了这些变化对公司盈利能力的影响。

4. 创建可视化仪表盘

❑ 仪表盘设计：为了更直观地展示分析结果，Manus 决定创建一个交互式仪表盘。它首先定义了仪表盘的需求，然后准备了需要展示的数据。

❑ 生成仪表盘：Manus 创建了一个 MDX（一种用于生成网页的文件格式）文件，并从中生成了一个 Manus 页面。这个页面包含了 NVIDIA 财务数据的可视化图表，比如收入增长、各业务板块的收入占比、毛利率、运营费用等。

❑ 分享仪表盘：最后，Manus 将生成的仪表盘链接分享给用户。用户可以通过这个链接查看 NVIDIA 的财务数据可视化结果，并了解公司在过去 4 年中的财务表现。

5. 交付结果

Manus 完成了所有任务，并将分析结果和仪表盘交付给用户。用户可以通过查看表格、报告和仪表盘，全面了解 NVIDIA 的财务表现和变化趋势。

6. 总结

Manus 的整个运行过程可以简单概括为：提取数据→分析数据→生成报告→创建可视化仪表盘→交付结果。整个过程类似于财务分析师的工作，只不过 Manus 是一个 AI 工具，能够自动化地完成这些任务，并生成易于理解的报告和可视化图表，如图 3-8 所示。

通过上述过程，Manus 帮助用户快速、准确地理解了 NVIDIA 的财务表现，并提供了直观的可视化工具，方便用户进一步分析和决策。

NVIDIA Financial Performance Dashboard (2021-2024)

NVIDIA Corporation has undergone a remarkable financial transformation from fiscal year 2021 through 2024, particularly with the explosive growth in AI adoption driving its Data Center business. This dashboard presents a comprehensive visualization of NVIDIA's revenue composition and cost structure changes during this pivotal period.

Revenue Growth and Composition

NVIDIA's revenue journey from FY2021 to FY2024 demonstrates extraordinary growth, particularly in the most recent fiscal year. The company's strategic focus on AI computing has dramatically reshaped its revenue profile.

The revenue growth story is particularly striking in FY2024, where NVIDIA achieved a 126% year-over-year increase, reaching $60.92 billion in total revenue. This exceptional performance was primarily driven by the surge in demand for AI computing solutions.

Revenue by Reportable Segments

NVIDIA reports its revenue in two main segments: Compute & Networking and Graphics. The evolution of these segments reveals the company's transformation into an AI-focused enterprise.

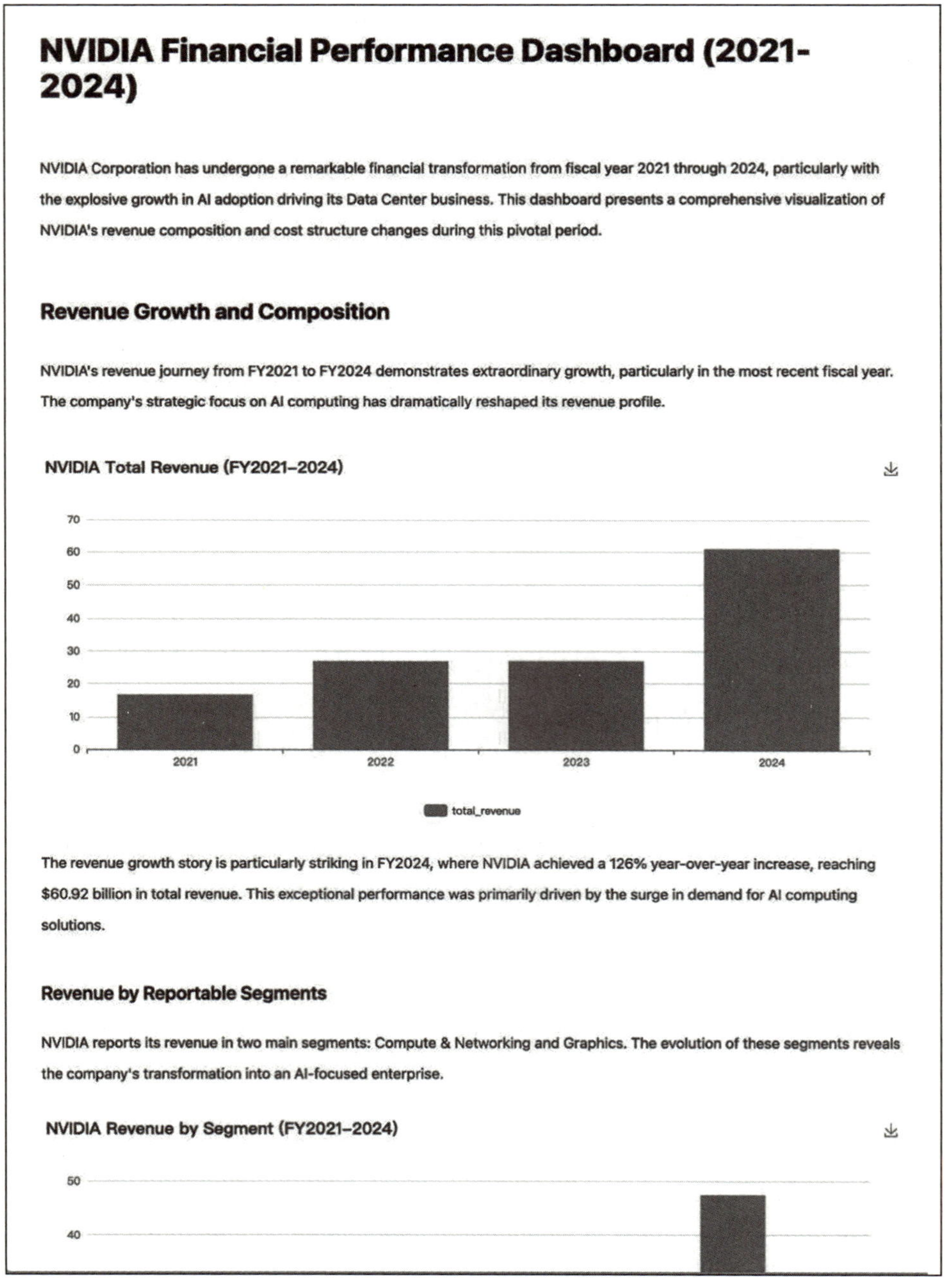

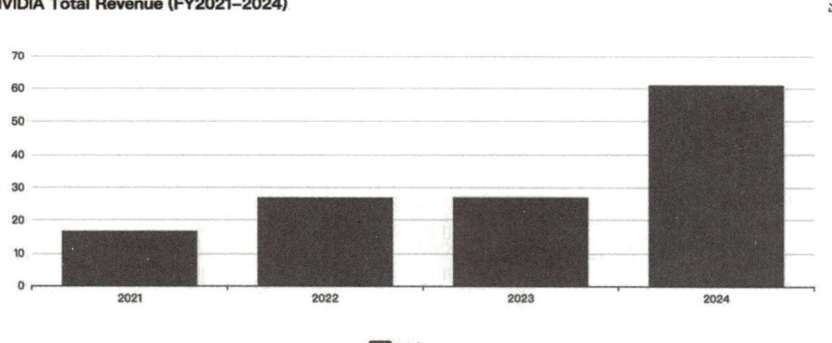

图 3-8　Manus 生成的 NVIDIA 财务报告分析与可视化图表

3.2.2　B2B 供应商采购：找到橡胶垫的最佳价格

在这个案例中，Manus 的任务是帮助用户找到橡胶垫的最佳价格，并创建一个交互式仪表盘来展示这些信息。

1. 搜索和收集信息

- 任务开始：用户告诉 Manus 需要找到橡胶垫的最佳价格。
- 搜索过程：Manus 开始在网上搜索橡胶垫的相关信息，包括类型、价格、零售商等。
- 遇到问题：在搜索过程中，Manus 遇到了一些网站访问问题，但它没有放弃，继续从其他可用的资源中收集信息。
- 整理信息：Manus 将收集到的信息进行分类和整理，识别出不同类型的橡胶垫，并为每种类型收集了多个零售商的价格数据。

2. 比较价格和生成报告

- 价格比较：Manus 将收集到的价格数据进行对比，找出每种类型橡胶垫的最佳价格选项。
- 生成报告：Manus 创建了一个详细的比较文档，列出了不同预算范围内的最佳选择，并为用户提供了全面的购买建议。

3. 创建交互式仪表盘

- 设计仪表盘：Manus 决定创建一个交互式仪表盘，帮助用户更直观地查看和比较橡胶垫的价格。
- 开发过程：Manus 使用 React 技术搭建了仪表盘的结构，并设计了多个可视化视图，比如价格对比图表、零售商比较等。
- 添加交互功能：仪表盘还加入了过滤功能，用户可以根据自己的需求筛选不同类型、价格范围、厚度等的橡胶垫。
- 部署仪表盘：Manus 将仪表盘部署到一个临时的开发服务器上，用户可以访问并查看。

4. 部署到公开 URL

- **永久部署**：用户要求将仪表盘部署到一个公开的、可永久访问的 URL 上。
- **修复问题**：在部署之前，Manus 修复了一些技术问题（如 TypeScript 错误），确保仪表盘能够顺利运行。
- **成功部署**：最终，Manus 将仪表盘部署到了一个公开的 URL（https://zvgzsafz.manus.space）上，用户可以随时访问并使用这个仪表盘来比较橡胶垫的价格。

5. 总结

Manus 的整个运行过程可以简单概括为：搜索和收集信息→整理和比较数据→生成报告→创建交互式仪表盘→部署到公开 URL。整个过程非常系统化，Manus 不仅帮助用户找到了最佳价格，还通过仪表盘让这些信息变得更加直观和易于使用，如图 3-9 所示。

3.2.3　研究 AR/AI 眼镜发布信息

在这个案例中，Manus 的任务是研究和整理 2024—2025 年推出的 AR/AI 眼镜的详细信息。

1. 制订计划

Manus 首先制订了一个研究计划，明确了需要收集的信息类型，包括品牌、产品规格、价格、核心组件配置及其供应商，以及预计的销售量。

2. 开始研究

Manus 开始从各种来源（如科技新闻、行业报告等）收集信息。它特别关注了一些大公司和初创企业的产品，比如 Meta、Google、Apple 等。

3. 收集详细规格

在完成初步研究之后，Manus 进一步收集了每款智能眼镜的详细规格，比如显示面板、处理器等核心组件的供应商信息。

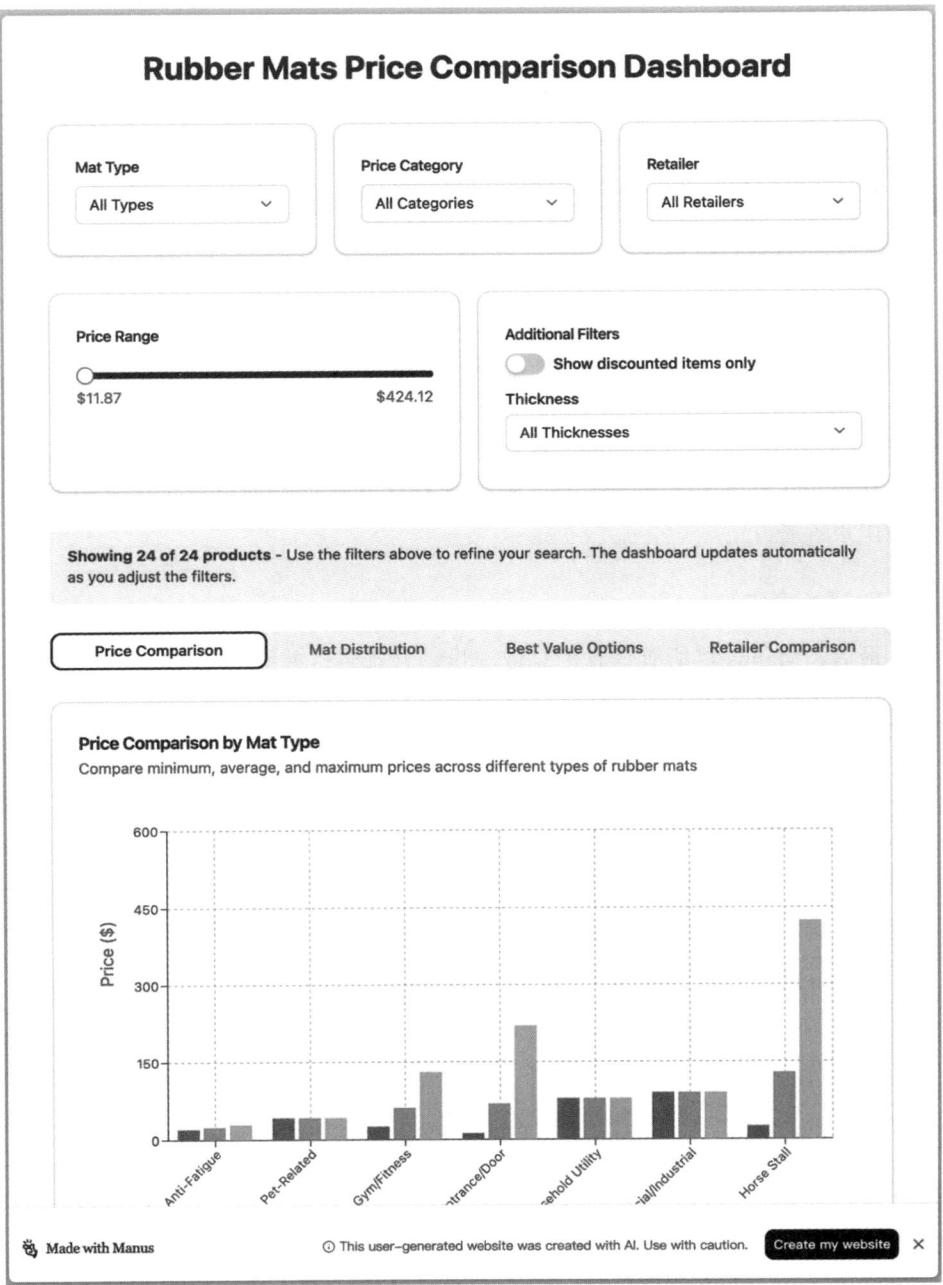

图 3-9 Manus 生成的关于橡胶垫最佳价格的交互式仪表盘

4. 调查价格

Manus 还研究了这些智能眼镜的定价信息，确保数据的全面性。

5. 分析组件供应商

Manus 深入调查了这些智能眼镜的核心组件（如显示面板、处理器）的供应商，比如索尼、高通等。

6. 预测销售量

Manus 收集了市场对这些智能眼镜的销售预测，分析了市场的增长趋势。

7. 整理数据

在收集了所有必要的信息后，Manus 将这些数据整理成一个详细的表格，方便用户查看。

8. 撰写报告

最后，Manus 将所有信息汇总成一份综合报告，并附上了详细的研究文件和表格，供用户参考。

9. 总结

Manus 就像一个"信息侦探"，它的任务是从各种渠道搜集 2024—2025 年推出的 AR/AI 眼镜的所有信息。它不仅要找到这些眼镜的品牌、规格、价格，还要搞清楚它们的核心部件是谁提供的，以及市场对这些产品的销售预期。最后，Manus 把所有信息整理成一个清晰的表格和报告，方便用户一目了然地了解这些产品的全貌，如图 3-10 所示。

整个过程就像 Manus 在做一个"智能眼镜百科全书"，确保用户能够轻松获取所有相关信息。

3.2.4　调查 20 家 CRM 公司

在这个案例中，Manus 的任务是调查 20 家 CRM（客户关系管理）公司，并收集它们的口号和品牌故事。

第 3 章　Manus 官网体验用例的精选解读　❖　57

Brand	Product	Launch Date	Display Technology	Processor	Weight	Battery Life	Camera	Key Features	Price
Apple	Vision Pro	Available now (2024)	Micro-OLED, 23 million pixels, 90-100Hz refresh rate	Apple M2 (8-core CPU, 10-core GPU) + R1 chip	Not specified	2-2.5 hours	Stereoscopic 3D main camera system, 6.5 stereo megapixels	Spatial computing, eye tracking, hand tracking, Optic ID	$3,499 (256GB), $3,699 (512GB), $3,899 (1TB)
Meta	Orion AR Glasses	Unveiled Sept 2024, not for consumer release yet	Holographic display with "largest field of view in smallest AR glasses form"	Custom Meta processors	Lightweight (exact weight not specified)	Not specified	Not fully disclosed	Meta AI integration, contextual assistance, video calling, WhatsApp/Messenger integration	Not announced (prototype stage)
Meta	Ray-Ban Meta Smart Glasses	Available now (2024)	No display (camera and audio only)	Not specified	48g	Not specified	12 MP ultra-wide camera	Meta AI integration, voice commands, touch control	$299-$329
Halliday	AI Glasses	Announced at CES 2025, likely launching in 2025	"Invisible display" integrated into frame (3.6mm optical module), FOV similar to 3.5-inch screen	Not specified	35g	Up to 12 hours	Not specified	AI real-time translations in 40+ languages, teleprompter text, notifications, turn-by-turn navigation	$489 retail, $369 pre-order
Google	Project Iris	Originally rumored for 2024, current status uncertain	Likely uses outward-facing cameras to merge graphics with live video	Expected to use proprietary Google processor (possibly Tensor)	Not specified	Not specified	Not fully disclosed	Mixed reality experience, seamless transition between virtual and real environments	Expected to be more budget-friendly than Apple Vision Pro
Xreal	Air 2 Pro	Available now (reviewed	0.55" Micro-OLED from	Not standalone (connects	75g	Depends on connected	Not applicable (no camera)	Electrochromic dimming (100%/35%/0%)	$449

图 3-10　Manus 生成的 AR/AI 眼镜发布信息表格

1. 接受任务并制订计划

- 首先，Manus 接受了任务，明确要找出 20 家 CRM 公司，并收集它们的口号和品牌故事。
- 接着，Manus 制订了一个计划，准备开始研究这些公司。它知道这个任务需要一些时间，因为它要详细收集每家公司的信息。

2. 开始搜索和整理公司名单

- Manus 开始在网上搜索 CRM 公司，并逐步整理出一个包含 20 家公司的名单。它通过搜索引擎和一些行业文章（比如 CX Today 的文章）来找到这些公司。
- 在这个过程中，Manus 还创建了一个文件结构，用来存储它找到的信息，确保所有数据都有条理。

3. 深入研究每家公司的信息

- 有了 20 家公司的名单后，Manus 开始逐一研究每家公司的详细信息，包括它们的口号和品牌故事。
- 它从 Salesforce 开始，逐步研究 HubSpot、Zoho、Microsoft Dynamics 等公司。每家公司都花了相当多的时间，以确保信息的准确性和完整性。
- 在研究过程中，Manus 遇到了一些小问题，比如浏览器超时或 404 错误，但它并没有放弃，继续努力完成研究。

4. 整理和编写报告

- 当所有 20 家公司的信息都收集完毕后，Manus 开始将这些信息整理成一个综合报告。
- 它按照每家公司的顺序，将口号和品牌故事逐一写入报告，并确保格式清晰易读。
- 报告还包括引言和结论，总结了一些共性的品牌主题，比如客户至上、简化业务流程、AI 技术的应用等。

5. 审查和交付报告

- 在报告编写完成后，Manus 对报告进行了多次审查，确保信息的准确性和完整性。
- 最后，Manus 将这份报告交付给用户，任务顺利完成。

6. 总结

Manus 的整个运行过程可以简单概括为：接受任务→制订计划→搜索和整理公司名单→深入研究每家公司的信息→整理和编写报告→审查和交付报告，如图 3-11 所示。整个过程非常系统化，Manus 有条不紊地完成了每一步，最终交付了一份详细的 CRM 公司报告。

通过这个案例，我们可以看到 Manus 在处理复杂任务时的耐心和细致，尤其是在面对大量信息和一些小问题时，它依然能够坚持完成任务。

3.2.5　收集公众人物对 DeepSeek R1 的观点

在这个案例中，Manus 的任务是整理一份在全球 AI 领域有影响力的人物的名单，并收集他们对 DeepSeek R1 的看法。

1. 任务理解与规划

- **任务开始**：Manus 接到一个任务，要求整理一份在全球 AI 领域有影响力的人物的名单，并收集他们对 DeepSeek R1 的看法。
- **任务分解**：Manus 首先将任务分解为几个步骤，包括研究 DeepSeek R1 的背景信息；识别不同类别的 AI 领域有影响力的人物（如公司高管、投资者、政府官员、研究人员）；收集这些人物对 DeepSeek R1 的看法；整理信息并生成一份详细的报告。

2. 背景研究

Manus 花了很多时间从多个来源收集关于 DeepSeek R1 的背景信息，包括它的功能、架构和市场影响。这一步是为了确保后续的分析有扎实的基础。

3. 识别关键人物

- **分类识别**：Manus 开始识别不同类别的 AI 领域有影响力的人物。它使用了 LinkedIn、Twitter 等工具和 API 来找到这些人物。
- **逐步完成**：Manus 先完成了公司高管和投资者的识别，接着是政府官员，最后是研究人员。每一步都进行了详细的记录。

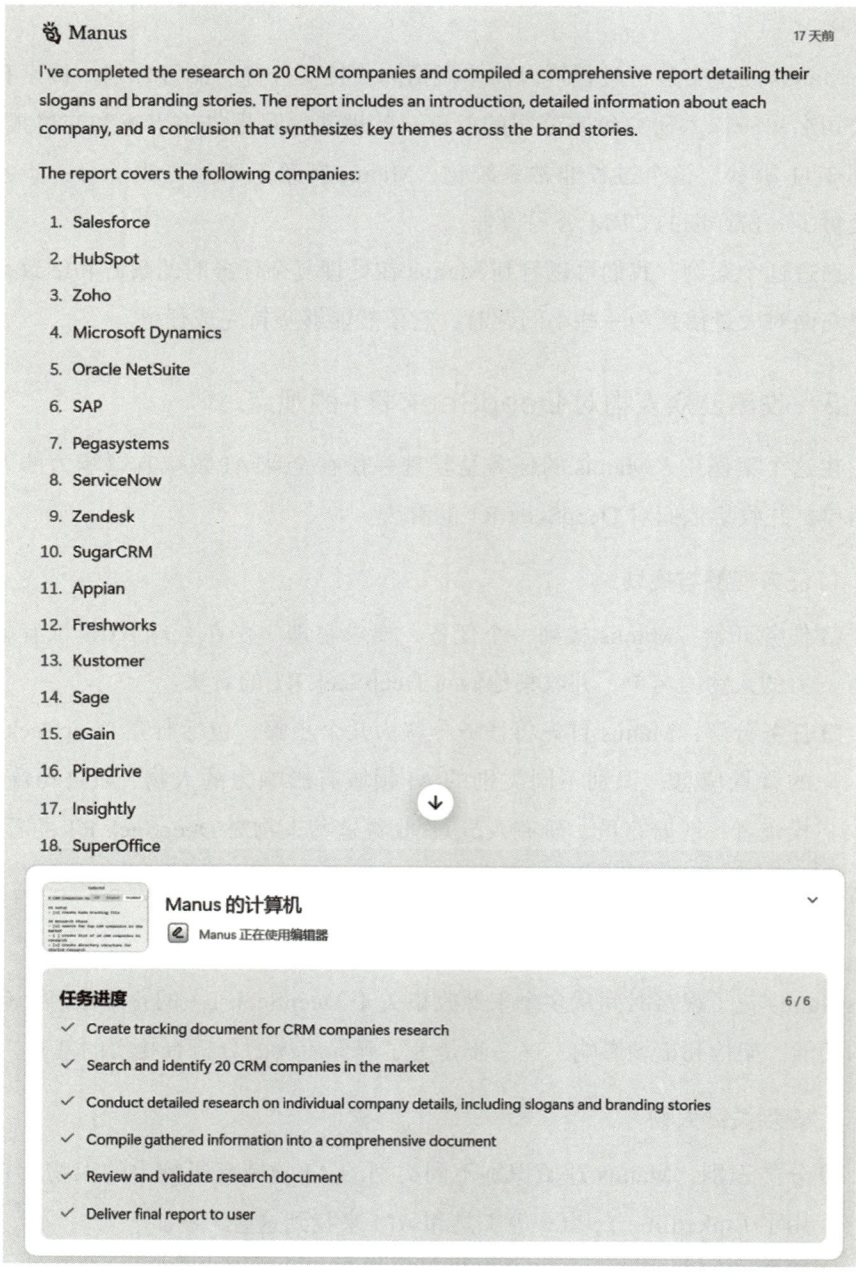

图 3-11　Manus 完成 CRM 报告的步骤

4. 收集观点

- 搜索观点：Manus 使用 Twitter API 和其他搜索工具，收集这些关键人物对 DeepSeek R1 的看法。它反复搜索，确保没有遗漏重要的观点。
- 整理信息：将收集到的观点整理成结构化的内容，方便后续分析。

5. 生成报告

- 整理与验证：Manus 将所有收集到的信息整理成一份详细的报告，包括背景信息、各个人物的观点、比较分析等。它还反复验证了信息的准确性，确保报告的可信度。
- 交付报告：最终，Manus 将这份报告交付给用户，报告中包含详细的引用和参考资料。

6. 创建仪表盘

- 用户需求确认：用户要求 Manus 创建一个仪表盘来展示 AI 领域有影响力的人物对 DeepSeek R1 的看法。Manus 询问了用户的具体需求，比如仪表盘的类型、数据展示方式等。
- 设计与实现：Manus 选择了 HTML/CSS/JavaScript 来创建一个基于网页的仪表盘。它设计了仪表盘的布局，并使用 Bootstrap 和 Chart.js 来实现可视化。
- 测试与交付：Manus 在本地测试了仪表盘的功能，确保它能正确显示。最后，它将仪表盘的 HTML 文件交付给用户，用户可以在浏览器中打开查看。

7. 总结

Manus 成功完成了从信息收集到报告生成，再到仪表盘创建的全过程。每一步都经过了详细的规划和验证，确保最终交付的内容准确且符合用户需求。

总的来说，Manus 在这个案例中展示了它如何通过系统化的步骤，从任务理解、信息收集、整理分析到最终交付，完成一个复杂的研究和展示任务，如图 3-12 所示。

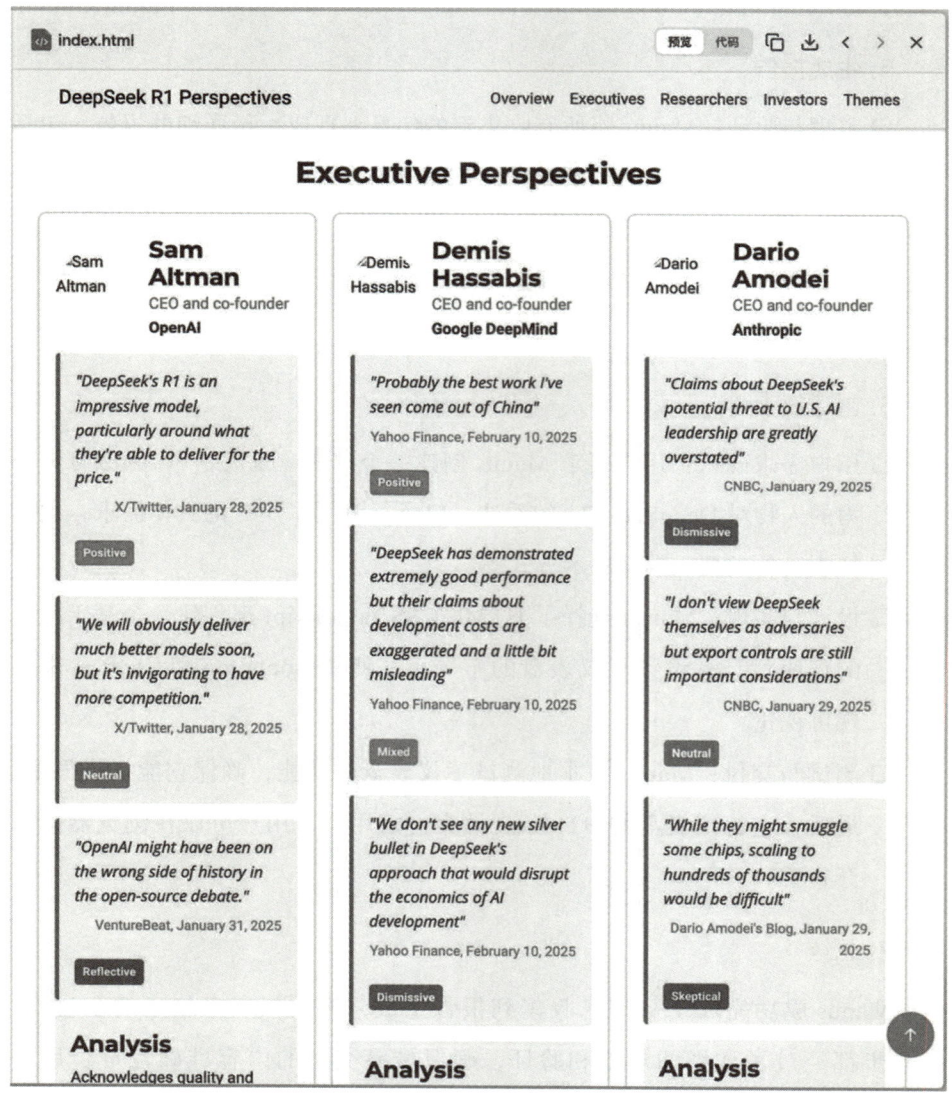

图 3-12　Manus 完成搜集公众人物对 DeepSeek R1 的观点的任务

3.2.6　分析美国 AI 政策十年演变

在这个案例中，Manus 的任务是创建一份图文并茂的报告，分析过去十年美国 AI 政策的演变过程。

1. 制订计划

Manus 首先明确了任务的目标：分析美国 AI 行业政策的演变，并制作一份包含图表的报告。为了确保任务顺利完成，Manus 制订了一个详细的计划，并列出了一个待办事项清单，以便有条不紊地进行研究和报告撰写。

2. 开始研究

接下来，Manus 开始了大量的研究工作。它首先聚焦于过去十年中美国政府发布的行政命令和主要政策发展。Manus 反复强调了这一点，说明这些行政命令是理解美国 AI 政策演变的关键。它特别关注了不同政府发布的行政命令，因为这些命令往往反映了政府对 AI 技术的态度和政策方向。

3. 收集更多政策文件

除了行政命令，Manus 还收集了其他重要的政策文件，包括联邦机构的指导方针和立法进展。例如，它研究了美国国家标准与技术研究院（NIST）发布的《AI 风险管理框架》，以及国防部关于 AI 伦理的原则。这些文件帮助 Manus 更全面地理解美国 AI 政策的全貌。

4. 分析政策趋势

在收集了足够的资料后，Manus 开始分析这些政策文件的趋势和演变。它试图找出过去十年中美国 AI 政策的主要变化和重点领域。例如，Manus 可能发现，早期的政策更多关注 AI 技术的研发和推广，而近年来则更加注重 AI 的伦理、安全和社会影响。

5. 制作图表

为了更直观地展示这些趋势，Manus 开始制作图表。它设计了 4 种不同的图表来展示美国 AI 政策的演变：

- 主要政策发展的时间线：展示了过去十年中重要的政策事件。
- 政策重点的变化：展示了不同时期政策关注的焦点，如技术研发、伦理规范、国家安全等。
- 监管方式的演变：展示了美国政府对 AI 技术的监管方式如何随时间变化。
- 各机构的职责：展示了不同联邦机构在 AI 治理中的角色和责任。

6. 撰写报告

在完成图表后，Manus 开始撰写报告。报告分为几个部分，包括执行摘要、历史背景、关键政策阶段的分析、当前政策环境的讨论以及未来趋势的展望。Manus 将研究结果、分析内容和图表整合在一起，形成了一份完整的报告。

7. 最终交付

最后，Manus 完成了报告的最终版本，并将其交付给用户。报告中包含所有研究资料、分析结果和图表的源代码，用户可以通过提供的链接访问完整的交互式报告。

8. 总结

Manus 的整个运行过程可以简单概括为：制订计划→收集资料→分析趋势→制作图表→撰写报告→最终交付。整个过程展示了 Manus 如何通过系统化的步骤，从大量的政策文件中提取关键信息，并将其转化为一份易于理解的图文报告。这种能力不仅适用于 AI 政策的分析，也适用于其他复杂的研究任务，如图 3-13 所示。

通过这个案例，我们可以看到 Manus 在处理复杂任务时的高效性和条理性。它不仅能够快速收集和分析大量信息，还能通过图表和报告的形式将这些信息清晰地呈现给用户。

these efforts will depend on effective collaboration between government, industry, academia, and civil society to develop governance frameworks that harness AI's benefits while mitigating its risks.

Introduction

Artificial intelligence (AI) has rapidly evolved from a niche research field to a transformative technology with profound implications for society, the economy, and national security. As AI capabilities have advanced, so too has the United States government's approach to policy and regulation in this domain. This report analyzes the evolution of U.S. AI industry policies over the past decade, examining how different administrations have approached the challenges and opportunities presented by artificial intelligence.

The development of AI policy in the United States reflects a complex balancing act between promoting innovation, maintaining global technological leadership, ensuring safety and security, and upholding American values such as privacy, civil liberties, and fairness. This balance has shifted over time as AI technologies have matured and their potential impacts—both positive and negative—have become more apparent.

This report traces the chronological development of U.S. AI policies from early foundations through the Trump and Biden administrations, identifies key trends and shifts in policy priorities, analyzes the roles of various stakeholders, and examines the emerging consensus around risk-based approaches to AI governance. Through comprehensive analysis and data visualization, we provide insights into how U.S. AI policy has evolved and where it may be headed in the future.

The findings presented here are based on extensive research of official policy documents, executive orders, agency guidelines, and legislative developments. By understanding the trajectory of U.S. AI policy evolution, policymakers, industry leaders, researchers, and the public can better navigate the complex landscape of AI governance and contribute to the development of responsible AI that serves the public interest while fostering innovation and economic growth.

Timeline of Major U.S. AI Policy Developments

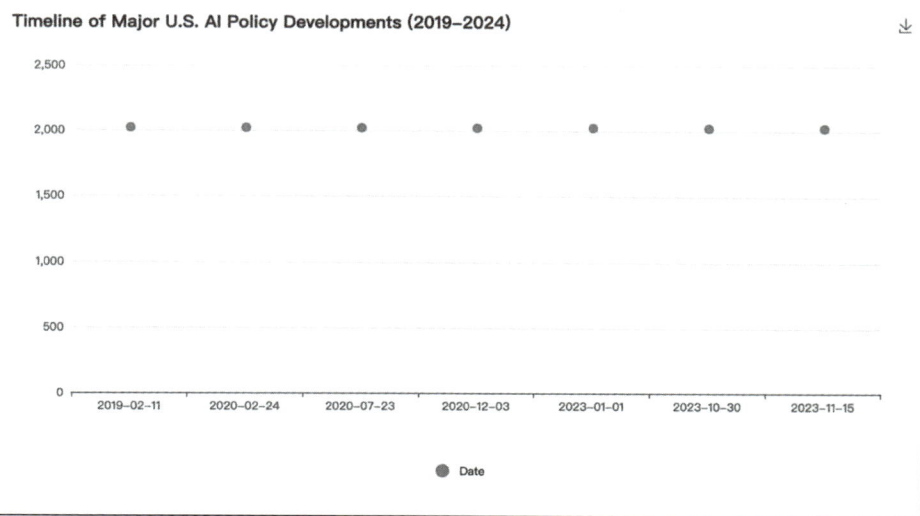

图 3-13　Manus 完成分析美国 AI 政策十年演变的任务

3.2.7 分析时尚行业垂直搜索 AI 解决方案

在这个案例中，Manus 的任务是研究和分析时尚行业中垂直搜索 AI 解决方案的运行情况。

1. 明确任务目标

Manus 首先明确了任务的目标：研究时尚行业中的垂直搜索 AI 解决方案。具体来说，Manus 需要了解这些解决方案的应用场景、定价模式、在价值链中的位置以及它们之间的差异化因素。这个目标非常明确，Manus 需要从多个来源收集信息，进行综合分析。

2. 开始初步研究

Manus 开始了初步的研究工作。它通过不断地"搜索"和"收集信息"来获取相关的数据。在这个阶段中，Manus 就像一个勤奋的学生，不断地翻阅各种资料，试图找到与时尚行业垂直搜索 AI 相关的信息。Manus 在这个过程中反复进行"研究"和"收集信息"的动作，说明它需要从多个角度和来源获取数据，确保信息的全面性。

3. 创建结构化任务清单

在初步研究完成后，Manus 意识到需要更有条理地组织这些信息。于是，它创建了一个结构化的任务清单。这个清单帮助 Manus 将复杂的任务分解成更小的、可管理的部分。比如，Manus 需要分别研究每个 AI 解决方案的应用场景、定价模式、价值链定位等。这个步骤就像我们在做项目时，先列出一个任务清单，确保每个部分都能被系统地处理。

4. 深入研究各个细分领域

接下来，Manus 开始深入研究每个细分领域。首先，它研究了这些 AI 解决方案的应用场景。时尚行业中的垂直搜索 AI 可以用于视觉搜索、产品标签增强、个性化推荐、自然语言处理搜索等场景。Manus 通过反复研究，确保它对这些应用场景有全面的理解。

然后，Manus 转向了定价模式的研究。它发现，大多数企业解决方案采用定制定价，通常需要"请求演示"来获取具体报价，而有些则提供分层订阅模式，或者作为更大平台的一部分。Manus 通过多次研究，确保它对这些定价模式有清晰的了解。

5. 分析价值链定位

Manus 还分析了这些 AI 解决方案在时尚行业价值链中的位置。它发现，大多数解决方案集中在零售、商品销售和消费者体验方面，而很少有解决方案涉及上游活动，如设计和制造。这个分析帮助 Manus 理解这些 AI 解决方案在行业中的具体作用和影响。

6. 比较差异化因素

最后，Manus 比较了这些 AI 解决方案之间的差异化因素。它发现，不同的解决方案通过技术专长、覆盖范围、目标市场和商业模式等方面进行区分。这个比较帮助 Manus 理解每个解决方案的独特之处，以及它们如何在竞争激烈的市场中脱颖而出。

7. 整理并提交报告

在完成所有研究后，Manus 将所有的信息整理成一份综合报告。这份报告包括详细的分析，涵盖应用场景、定价模式、价值链定位和差异化因素。Manus 还附上了具体的比较表格，帮助用户更直观地理解这些信息。最后，Manus 将报告发送给用户，完成了整个任务。

8. 总结

Manus 的整个运行过程可以简单概括为以下几个步骤：

- 明确任务目标：确定需要研究的内容和方向。
- 开始初步研究：广泛收集相关信息，确保数据的全面性。
- 创建结构化任务清单：将复杂的任务分解成更小的部分，确保有条不紊地进行。

- 深入研究各个细分领域：对每个细分领域进行详细分析，确保对每个方面都有深入的理解。
- 分析价值链定位和比较差异化因素：理解这些 AI 解决方案在行业中的位置以及它们之间的区别。
- 整理并提交报告：将所有信息整理成一份综合报告，方便用户理解。

通过这个过程，Manus 不仅完成了任务，还确保了对时尚行业垂直搜索 AI 解决方案的全面理解，如图 3-14 所示。

3.2.8 制订详细的采访提纲

在这个案例中，Manus 的任务是制订一个详细的采访提纲。

1. 明确任务目标

Manus 首先明确了任务的核心目标：研究 DeepSeek 公司 CEO 梁文锋的背景，并基于这些信息制订一个全面的采访提纲。Manus 知道这是一个需要多步骤完成的任务，因此它开始规划如何高效地执行。

2. 多渠道信息搜集

Manus 的第一步是搜集梁文锋的相关背景信息。它尝试从多个权威来源获取信息，包括路透社（Reuters）、《纽约时报》（NYTimes）、美联社新闻（AP News）和福布斯（Forbes）等。然而，在搜集过程中，Manus 遇到了两个主要问题：

- CAPTCHA 验证：路透社和《纽约时报》的网站要求进行 CAPTCHA 验证，这是一种防止自动化程序访问的安全措施。由于 Manus 是 AI，无法绕过这种人类验证，因此它决定跳过这些网站，转而从其他来源继续搜集信息。
- 访问限制：某些网站可能对 AI 的访问进行了限制，导致 Manus 无法直接获取信息。但它并没有放弃，而是继续尝试其他来源，比如福布斯和美联社新闻。

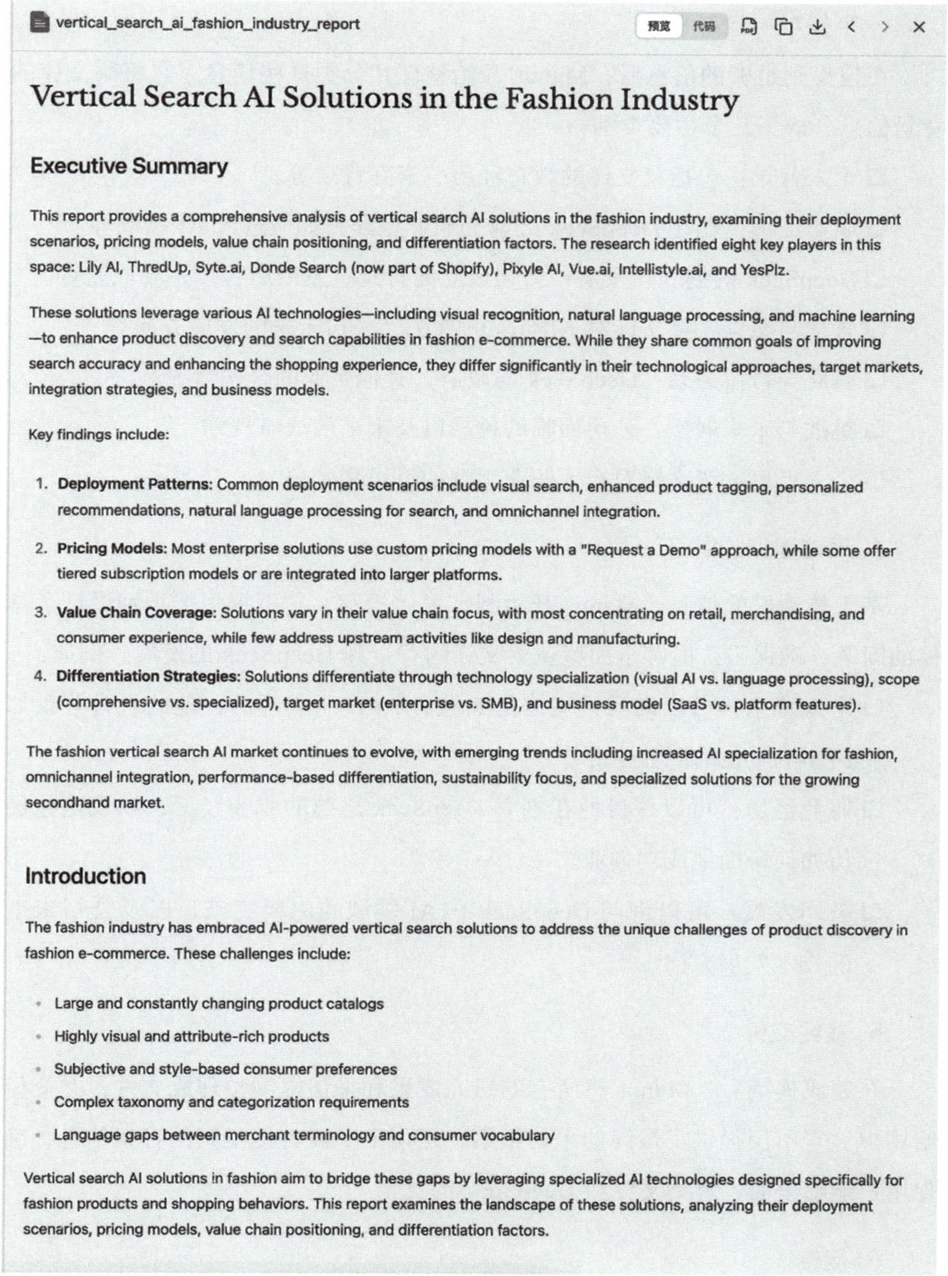
vertical_search_ai_fashion_industry_report　预览　代码

Vertical Search AI Solutions in the Fashion Industry

Executive Summary

This report provides a comprehensive analysis of vertical search AI solutions in the fashion industry, examining their deployment scenarios, pricing models, value chain positioning, and differentiation factors. The research identified eight key players in this space: Lily AI, ThredUp, Syte.ai, Donde Search (now part of Shopify), Pixyle AI, Vue.ai, Intellistyle.ai, and YesPlz.

These solutions leverage various AI technologies—including visual recognition, natural language processing, and machine learning—to enhance product discovery and search capabilities in fashion e-commerce. While they share common goals of improving search accuracy and enhancing the shopping experience, they differ significantly in their technological approaches, target markets, integration strategies, and business models.

Key findings include:

1. **Deployment Patterns:** Common deployment scenarios include visual search, enhanced product tagging, personalized recommendations, natural language processing for search, and omnichannel integration.
2. **Pricing Models:** Most enterprise solutions use custom pricing models with a "Request a Demo" approach, while some offer tiered subscription models or are integrated into larger platforms.
3. **Value Chain Coverage:** Solutions vary in their value chain focus, with most concentrating on retail, merchandising, and consumer experience, while few address upstream activities like design and manufacturing.
4. **Differentiation Strategies:** Solutions differentiate through technology specialization (visual AI vs. language processing), scope (comprehensive vs. specialized), target market (enterprise vs. SMB), and business model (SaaS vs. platform features).

The fashion vertical search AI market continues to evolve, with emerging trends including increased AI specialization for fashion, omnichannel integration, performance-based differentiation, sustainability focus, and specialized solutions for the growing secondhand market.

Introduction

The fashion industry has embraced AI-powered vertical search solutions to address the unique challenges of product discovery in fashion e-commerce. These challenges include:

- Large and constantly changing product catalogs
- Highly visual and attribute-rich products
- Subjective and style-based consumer preferences
- Complex taxonomy and categorization requirements
- Language gaps between merchant terminology and consumer vocabulary

Vertical search AI solutions in fashion aim to bridge these gaps by leveraging specialized AI technologies designed specifically for fashion products and shopping behaviors. This report examines the landscape of these solutions, analyzing their deployment scenarios, pricing models, value chain positioning, and differentiation factors.

图 3-14　Manus 完成分析时尚行业垂直搜索 AI 解决方案的任务

3. 信息整理与分类

在搜集到足够的信息后，Manus 开始整理和分类这些信息。它将梁文锋的背景信息分成了几个主要类别：

- 个人背景：包括梁文锋的教育经历、家庭背景等。
- 职业经历：他在 DeepSeek 之前的职业生涯，如何进入 AI 领域等。
- DeepSeek 的创立与发展：公司成立的背景、发展历程、主要成就等。
- 哲学与愿景：梁文锋对 AI 行业的看法、公司未来的发展方向等。
- 政府与行业关系：DeepSeek 与政府、其他企业的合作情况。
- 挑战与未来展望：公司面临的挑战以及未来的战略规划。
- 个人反思：梁文锋对个人职业生涯的反思和感悟。

4. 采访提纲的制订

基于整理好的信息，Manus 开始制订采访提纲。它根据每个类别设计了具体的问题，确保采访能够全面覆盖梁文锋的背景和 DeepSeek 的发展。例如：

- 个人背景：可以询问梁文锋是如何对 AI 产生兴趣的，他的教育背景如何影响了他的职业生涯。
- 职业经历：可以探讨他在创立 DeepSeek 之前的职业经历，以及这些经历如何帮助他成功创业。
- 公司发展：可以询问 DeepSeek 在 AI 领域的主要突破，以及公司未来的技术发展方向。

5. 最终交付

在完成提纲后，Manus 将所有的研究成果和采访提纲整理成文件，并交付给用户。它不仅提供了最终的采访提纲，还附上了所有搜集到的背景信息，确保用户能够全面了解梁文锋和 DeepSeek 的背景。

6. 反馈

Manus 在完成任务后，主动询问用户是否需要进一步解释或细化某些部分。这表明它不仅能够完成任务，还能够与用户进行互动，确保用户对结果满意。

7. 总结

Manus 的整个运行过程可以简单概括为以下几个关键步骤：

- 明确任务目标：研究梁文锋的背景并制订采访提纲。
- 多渠道信息搜集：从多个权威来源获取信息，遇到障碍时灵活调整策略。
- 信息整理与分类：将搜集到的信息按主题分类，便于后续使用。
- 采访提纲的制订：基于分类信息设计具体的采访问题。
- 最终交付与反馈：将最终成果交付给用户，并主动提供进一步的支持。

整个过程展示了 Manus 在信息搜集、整理和输出方面的强大能力，尤其是在面对访问限制时，它能够灵活应对，确保任务的顺利完成，如图 3-15 所示。

3.3 与生活相关的 Manus 案例

3.3.1 日本 7 天旅行行程规划与求婚推荐

在这个案例中，Manus 的任务是为一对情侣规划一个 7 天的日本旅行行程，并提供一个详细的 HTML 旅行手册。

1. 理解需求

Manus 首先明确了用户的需求：一对情侣在 4 月 15 日～23 日从西雅图出发，预算在 2 500～5 000 美元之间。他们喜欢历史遗迹、隐藏的宝藏和日本文化（如剑道、茶道、禅修），还想去奈良看鹿，并希望在旅途中求婚。

2. 开始研究

Manus 开始研究日本旅行的基本信息，包括交通方式、景点、文化体验等。它特别关注了东京、京都和奈良的历史遗迹和文化活动。

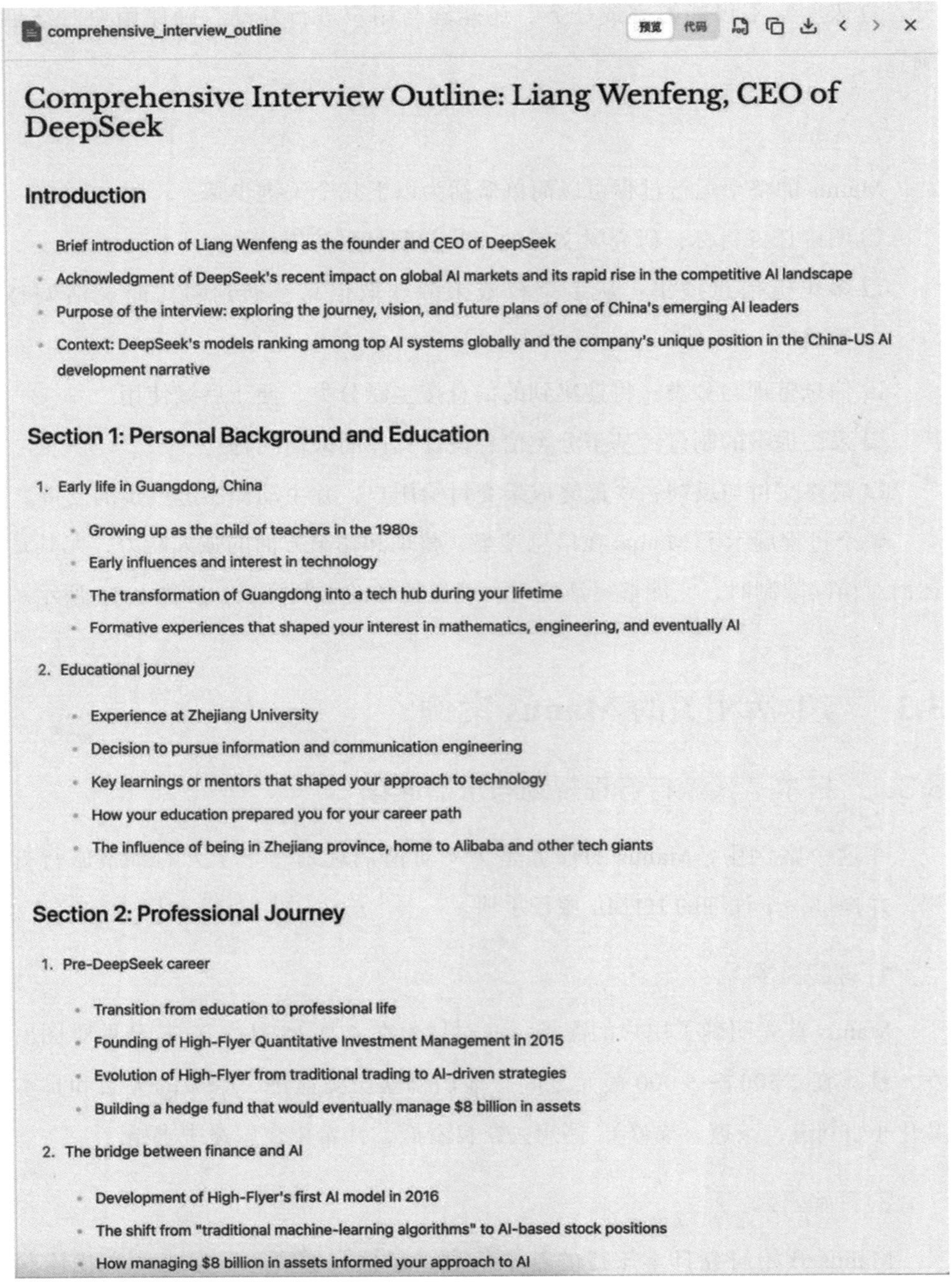

comprehensive_interview_outline 预览 代码

Comprehensive Interview Outline: Liang Wenfeng, CEO of DeepSeek

Introduction

- Brief introduction of Liang Wenfeng as the founder and CEO of DeepSeek
- Acknowledgment of DeepSeek's recent impact on global AI markets and its rapid rise in the competitive AI landscape
- Purpose of the interview: exploring the journey, vision, and future plans of one of China's emerging AI leaders
- Context: DeepSeek's models ranking among top AI systems globally and the company's unique position in the China-US AI development narrative

Section 1: Personal Background and Education

1. Early life in Guangdong, China
   - Growing up as the child of teachers in the 1980s
   - Early influences and interest in technology
   - The transformation of Guangdong into a tech hub during your lifetime
   - Formative experiences that shaped your interest in mathematics, engineering, and eventually AI
2. Educational journey
   - Experience at Zhejiang University
   - Decision to pursue information and communication engineering
   - Key learnings or mentors that shaped your approach to technology
   - How your education prepared you for your career path
   - The influence of being in Zhejiang province, home to Alibaba and other tech giants

Section 2: Professional Journey

1. Pre-DeepSeek career
   - Transition from education to professional life
   - Founding of High-Flyer Quantitative Investment Management in 2015
   - Evolution of High-Flyer from traditional trading to AI-driven strategies
   - Building a hedge fund that would eventually manage $8 billion in assets
2. The bridge between finance and AI
   - Development of High-Flyer's first AI model in 2016
   - The shift from "traditional machine-learning algorithms" to AI-based stock positions
   - How managing $8 billion in assets informed your approach to AI

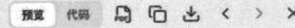

图 3-15　Manus 完成制订采访提纲的任务

3. 遇到问题

在研究过程中，Manus 遇到了一个 CAPTCHA 验证码（一种防止机器人访问的安全措施），无法继续在某个旅游网站上获取信息。它向用户报告了这个问题，并提供了几个解决方案：尝试其他旅游网站、使用官方旅游网站或改变搜索关键词。

4. 继续研究

用户选择跳过 CAPTCHA 问题后，Manus 继续使用其他资源进行研究，确保收集到足够的信息来规划行程。

5. 规划行程

Manus 根据收集到的信息开始规划 7 天的行程。它确保行程中包含用户感兴趣的历史遗迹、文化体验（如剑道、茶道、禅修）以及奈良的鹿公园。

6. 求婚地点推荐

Manus 还特别研究了适合求婚的浪漫地点，尤其是在樱花季节的推荐地点，并提供了拍照和时机的建议。

7. 制作旅行手册

Manus 将所有信息整理成一个详细的 HTML 旅行手册，包括地图、景点介绍、必备的日语短语、旅行礼仪和紧急信息等。这个手册是交互式的，方便用户在旅途中随时查阅。

8. 交付成果

最后，Manus 将所有文档（包括行程、求婚地点推荐和旅行手册）整理好，交付给用户。所有内容都适合在手机上查看，方便用户在旅途中使用。

总的来说，Manus 就像一个贴心的旅行助手，它根据用户的需求详细研究了日本的景点和文化体验，规划了一个完美的行程，并提供了一个实用的旅行手册，帮助用户顺利度过他们的日本之旅，如图 3-16 所示。

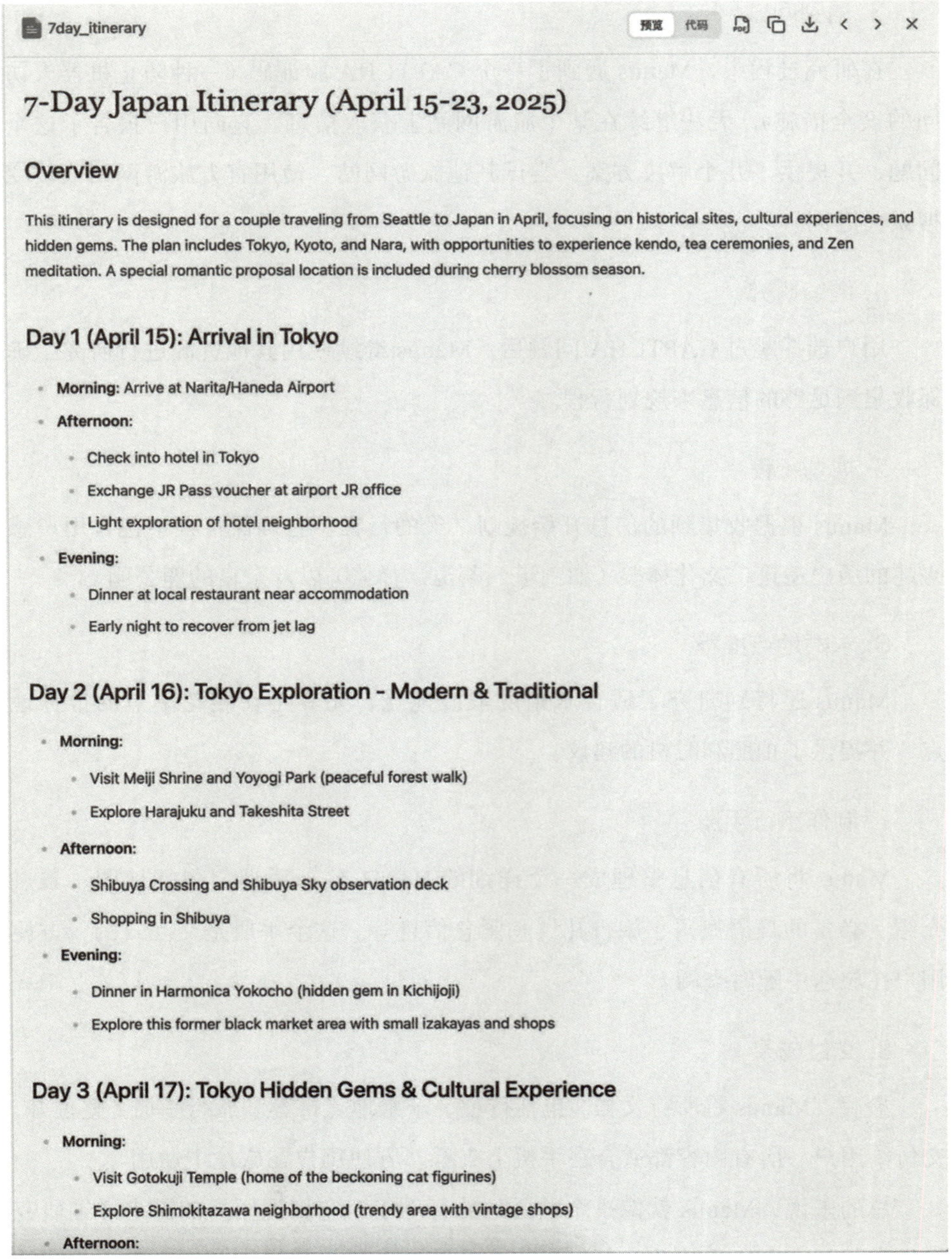

7-Day Japan Itinerary (April 15-23, 2025)

Overview

This itinerary is designed for a couple traveling from Seattle to Japan in April, focusing on historical sites, cultural experiences, and hidden gems. The plan includes Tokyo, Kyoto, and Nara, with opportunities to experience kendo, tea ceremonies, and Zen meditation. A special romantic proposal location is included during cherry blossom season.

Day 1 (April 15): Arrival in Tokyo

- **Morning:** Arrive at Narita/Haneda Airport
- **Afternoon:**
  - Check into hotel in Tokyo
  - Exchange JR Pass voucher at airport JR office
  - Light exploration of hotel neighborhood
- **Evening:**
  - Dinner at local restaurant near accommodation
  - Early night to recover from jet lag

Day 2 (April 16): Tokyo Exploration - Modern & Traditional

- **Morning:**
  - Visit Meiji Shrine and Yoyogi Park (peaceful forest walk)
  - Explore Harajuku and Takeshita Street
- **Afternoon:**
  - Shibuya Crossing and Shibuya Sky observation deck
  - Shopping in Shibuya
- **Evening:**
  - Dinner in Harmonica Yokocho (hidden gem in Kichijoji)
  - Explore this former black market area with small izakayas and shops

Day 3 (April 17): Tokyo Hidden Gems & Cultural Experience

- **Morning:**
  - Visit Gotokuji Temple (home of the beckoning cat figurines)
  - Explore Shimokitazawa neighborhood (trendy area with vintage shops)
- **Afternoon:**

图 3-16　Manus 完成日本旅行行程规划的任务

3.3.2 特斯拉股票全面解析

在这个案例中，Manus 的任务是收集、整理和分析大量数据，最终生成一份详细的报告和可视化仪表盘，帮助用户完成对特斯拉股票的全面分析。

1. 任务分解与计划制订

Manus 首先将用户的需求分解成多个具体的任务。用户要求对特斯拉股票进行全面分析，包括公司概况、财务数据、市场情绪、技术分析、竞争对手比较、内在价值计算和投资建议等。Manus 根据这些需求制订了一个详细的工作计划，列出了每一项需要完成的任务。

2. 收集公司概况信息

Manus 开始执行计划，首先收集特斯拉的公司概况信息。这包括特斯拉的总部位置、行业分类、员工人数、业务模式、领导团队以及公司历史等。Manus 通过访问各种数据源（如雅虎财经、公司官网等）获取这些信息，并将其整理成结构化的数据。

3. 收集财务数据

接下来，Manus 开始收集特斯拉的财务数据。这包括历史股价、收入趋势、利润率、资产负债表和现金流分析等。Manus 从多个金融数据平台获取这些信息，并生成图表来展示特斯拉的财务表现。通过这些数据，Manus 可以分析特斯拉的盈利能力、现金流状况以及资本支出情况。

4. 分析市场情绪

在收集完财务数据后，Manus 转向分析市场情绪。这包括分析师的评级、价格目标、新闻对股价的影响以及社交媒体上的投资者情绪。Manus 通过抓取社交媒体数据、分析师的报告以及新闻文章，来判断市场对特斯拉的看法是积极、消极还是中性。

5. 技术分析

Manus 随后进行技术分析，主要关注特斯拉股票的价格走势、技术指标（如移动平均线、相对强弱指数 RSI、MACD 等）以及支撑和阻力位。通过这些技术指标，Manus 可以判断特斯拉股票的短期和长期趋势，帮助投资者做出买卖决策。

6. 竞争对手比较

为了更全面地了解特斯拉的市场地位，Manus 将特斯拉与主要竞争对手进行比较。这包括市场份额、财务指标（如收入、利润率、估值倍数等）以及制造能力。通过这些比较，Manus 可以评估特斯拉在电动汽车市场中的竞争优势和劣势。

7. 计算内在价值

Manus 使用贴现现金流（DCF）模型来计算特斯拉的内在价值。DCF 模型通过预测特斯拉未来的现金流，并将其折现到当前，来估算特斯拉股票的真实价值。Manus 还进行了敏感性分析，评估不同假设条件下特斯拉的估值变化。

8. 制订投资建议

在完成所有分析后，Manus 开始制订投资建议。Manus 进行了 SWOT 分析，评估特斯拉的优势、劣势、机会和威胁。根据这些分析，Manus 为不同类型的投资者（如成长型投资者、价值型投资者、投机型投资者等）提供了不同的投资建议。Manus 还设定了不同的价格目标（牛市、基准和熊市情景），帮助投资者理解特斯拉股票的风险和回报。

9. 生成报告和仪表盘

最后，Manus 将所有分析结果整合成一份详细的报告，并生成了一个交互式的仪表盘。这个仪表盘展示了特斯拉的关键财务指标、市场情绪、技术分析、竞争对手比较以及投资建议。用户可以通过仪表盘直观地查看特斯拉的股票表现和投资潜力。

10. 部署公开链接

为了方便用户和他人访问，Manus 将仪表盘部署到一个公开的 URL 上。这样，用户可以通过链接随时访问仪表盘，查看最新的分析结果。

11. 总结

Manus 的整个运行过程可以简单概括为以下几个步骤：

- 任务分解与计划制订：将复杂的需求分解为具体的任务。
- 数据收集：从多个来源收集公司概况信息、财务数据、市场情绪等。
- 数据分析：通过技术分析、竞争对手比较等方法，深入挖掘数据背后的含义。
- 投资建议：根据分析结果制订适合不同类型投资者的建议。
- 生成报告和仪表盘：将分析结果整理成报告，并生成交互式仪表盘，方便用户查看。

通过这一系列步骤，Manus 帮助用户全面了解了特斯拉的股票表现、市场地位以及投资潜力，最终为用户的投资决策提供了有力的支持，如图 3-17 所示。

3.3.3 旅行保险政策对比分析

在这个案例中，Manus 的任务是分析和比较 4 份不同的旅行保险政策。

1. 接收任务并开始分析

Manus 首先接收到一个任务：分析 4 份旅行保险政策，并提供一个对比表，清楚地展示它们之间的差异。Manus 立即开始工作，并告知用户它将详细审查每份文件。

2. 提取文件内容

Manus 的第一步是从 PDF 文件中提取内容。它使用 PDF 工具（如 pdftotext）

将 PDF 文件中的文字内容提取出来。这个过程类似于我们打开 PDF 文件并复制里面的文字，但 Manus 是自动完成的，而且可以同时处理多个文件。

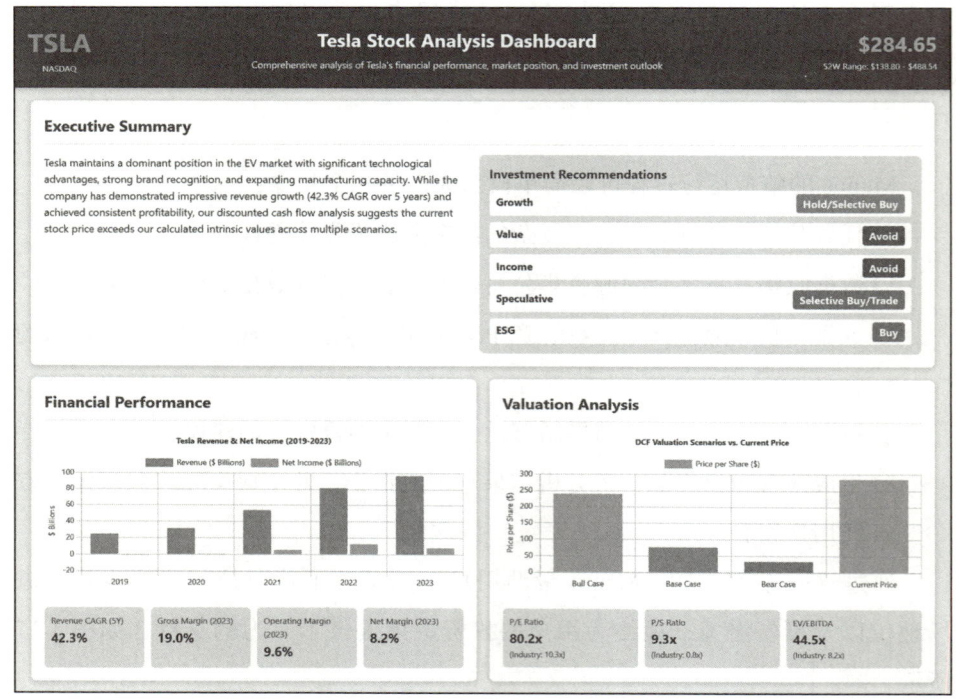

图 3-17　Manus 完成特斯拉股票分析的任务

3. 识别关键维度

在提取了所有文件的内容后，Manus 需要确定如何比较这些政策。它通过分析提取的内容，识别出一些关键的比较维度。这些维度可能包括：

- 医疗保障：保险是否覆盖医疗费用，额度是多少。
- 旅行保护：是否包含航班取消、延误等情况的赔偿。
- 行李保障：行李丢失或损坏是否在保险范围内。
- 个人意外和责任：是否包含意外伤害或第三方责任的保障。
- 特殊福利：是否有其他独特的福利，如紧急援助、家庭保障等。

- 计划结构：保险计划的类型（如单次旅行、全年多次旅行等）。
- 附加功能：是否有其他额外的服务或保障。

4. 逐项分析每份政策

接下来，Manus 开始逐项分析每份旅行保险政策。它会根据之前识别的关键维度，仔细审查每份政策的细节。比如，它会查看每份政策的医疗保障额度是多少，是否包含航班延误的赔偿，行李保障的额度是多少等。

5. 创建对比表

在分析完所有政策后，Manus 开始创建一个对比表。这个表格会将每份政策在关键维度上的表现进行对比，清楚地展示它们之间的差异。比如，表格中可能会列出每份政策的医疗保障额度、行李保障额度等，方便用户一目了然地看到哪份政策在哪些方面更有优势。

6. 格式化和验证

在创建对比表后，Manus 会对表格进行格式化和整理，确保它易于阅读和理解。然后，Manus 会验证分析的准确性，确保没有遗漏或错误。这个过程类似于我们写完一篇文章后，检查是否有错别字或逻辑错误。

7. 交付最终结果

最后，Manus 将完成的分析报告和对比表交付给用户。用户可以通过这些文件清楚地了解每份旅行保险政策的优缺点，并根据自己的需求选择最合适的保险。

8. 总结

Manus 的整个运行过程可以简单概括为：接收任务→提取内容→识别关键维度→逐项分析→创建对比表→格式化与验证→交付结果。这个过程展示了 Manus 如何通过自动化工具和逻辑分析，高效地处理复杂的文档分析任务，并为用户提供清晰、有用的信息，如图 3-18 所示。

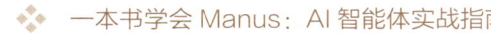

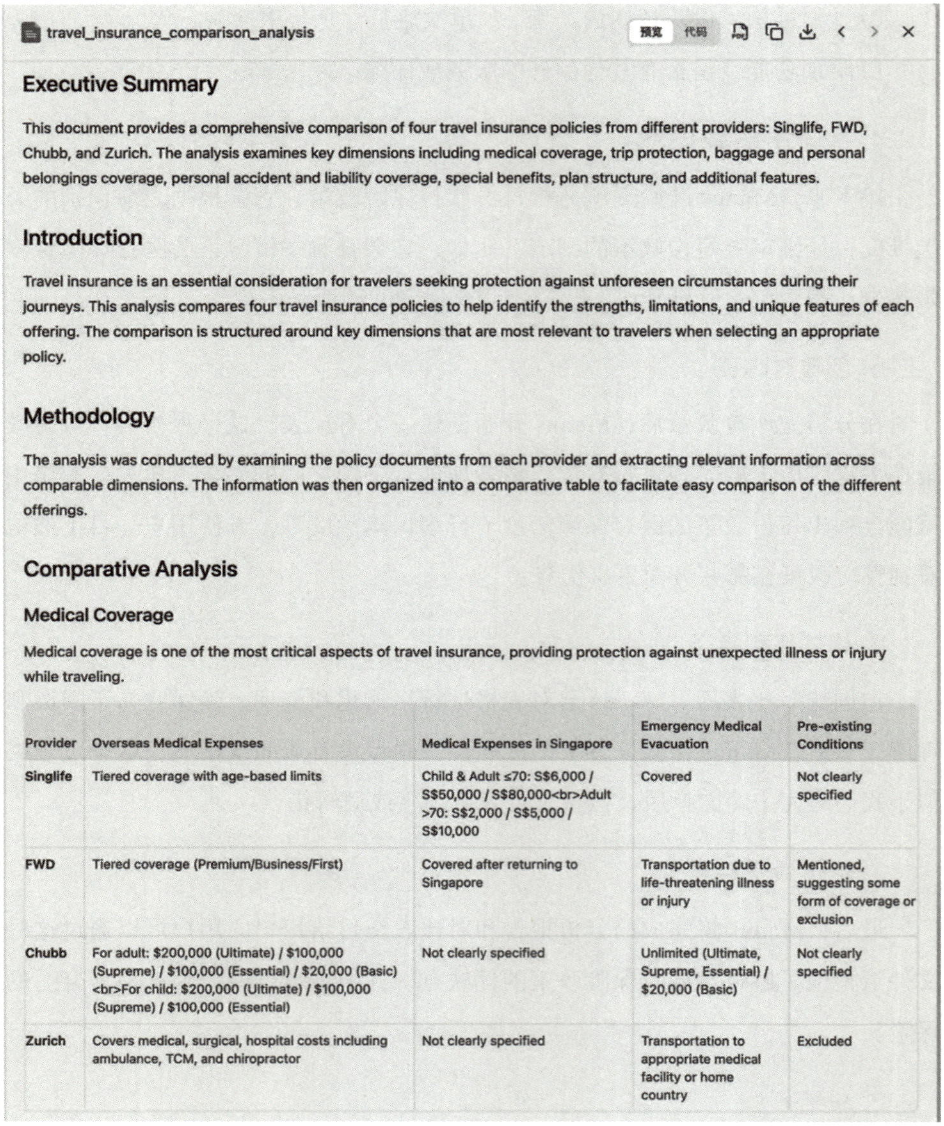

travel_insurance_comparison_analysis 预览 代码

Executive Summary

This document provides a comprehensive comparison of four travel insurance policies from different providers: Singlife, FWD, Chubb, and Zurich. The analysis examines key dimensions including medical coverage, trip protection, baggage and personal belongings coverage, personal accident and liability coverage, special benefits, plan structure, and additional features.

Introduction

Travel insurance is an essential consideration for travelers seeking protection against unforeseen circumstances during their journeys. This analysis compares four travel insurance policies to help identify the strengths, limitations, and unique features of each offering. The comparison is structured around key dimensions that are most relevant to travelers when selecting an appropriate policy.

Methodology

The analysis was conducted by examining the policy documents from each provider and extracting relevant information across comparable dimensions. The information was then organized into a comparative table to facilitate easy comparison of the different offerings.

Comparative Analysis

Medical Coverage

Medical coverage is one of the most critical aspects of travel insurance, providing protection against unexpected illness or injury while traveling.

Provider	Overseas Medical Expenses	Medical Expenses in Singapore	Emergency Medical Evacuation	Pre-existing Conditions
Singlife	Tiered coverage with age-based limits	Child & Adult ≤70: S$6,000 / S$50,000 / S$80,000 Adult >70: S$2,000 / S$5,000 / S$10,000	Covered	Not clearly specified
FWD	Tiered coverage (Premium/Business/First)	Covered after returning to Singapore	Transportation due to life-threatening illness or injury	Mentioned, suggesting some form of coverage or exclusion
Chubb	For adult: $200,000 (Ultimate) / $100,000 (Supreme) / $100,000 (Essential) / $20,000 (Basic) For child: $200,000 (Ultimate) / $100,000 (Supreme) / $100,000 (Essential)	Not clearly specified	Unlimited (Ultimate, Supreme, Essential) / $20,000 (Basic)	Not clearly specified
Zurich	Covers medical, surgical, hospital costs including ambulance, TCM, and chiropractor	Not clearly specified	Transportation to appropriate medical facility or home country	Excluded

图 3-18 Manus 完成旅行保险政策对比

通过这种方式，Manus 帮助用户节省了大量时间和精力，避免了手动阅读和比较大量文档的烦琐工作。

第 4 章 CHAPTER

教育与学习领域中的 Manus 实践

4.1 教育与学习领域中 Manus 的应用场景

4.1.1 教育领域中 Manus 的应用场景

1. 课程规划与内容开发

设计结构清晰、内容丰富的课程是高质量教学的基础。Manus 可以帮助教育工作者规划课程结构，开发教学内容。例如：一位大学教授可以使用 Manus 设计一门新的数据科学课程，包括学习目标、主题顺序和评估方法。Manus 可以帮助研究最新的行业与学术趋势和教学最佳实践，确保课程内容既反映当前知识状态，又符合教学标准。对于内容开发，Manus 可以协助创建讲义、PPT 和教学案例，既能确保材料清晰、准确，又能让描述方式风格化。

2. 多样化教学活动设计

多样化的教学活动可以满足不同学习风格的需求，提高不同类型学生的参与度。Manus 可以帮助设计各种教学活动，从讲座到互动练习。例如，一位中学历史教师可以使用 Manus 为一个课程单元设计混合教学活动，包括讲座、小组讨论、角色扮演和项目式学习。Manus 可以提供每种活动的详细计划，包括时间安排、材料准备和实施步骤，确保活动既有教育价值又能激发学生兴趣。

3. 个性化学习路径

对于教育工作者必须面对的一套教学方式无法适用于所有学生的问题（每一个学生都有独特的学习需求和进度），Manus 可以帮助教师设计个性化学习路径，满足不同学生的需求。例如，一位小学教师可以使用 Manus 为不同阅读水平的学生创建差异化的阅读计划，包括适合各级别的阅读材料、活动和评估。Manus 还可以帮助分析学生的学习数据，识别优势和改进领域，调整教学策略以支持每个学生的学习。

4. 评估与反馈设计

有效的评估和反馈对于学生了解自己的学习成果和教育工作者了解自己的教学质量都至关重要。Manus 可以帮助设计多样化的评估方法，提供有建设性的反馈。例如：一位语言教师可以使用 Manus 设计一套综合评估系统，包括形成性评估（如课堂讨论和短文写作）和总结性评估（如项目和考试）。Manus 可以帮助创建评分标准，确保评估的一致性和公平性。对于反馈，Manus 可以帮助生成详细、具体的反馈模板，指导学生改进，同时保持积极的学习态度。

5. 教学资源整合

有效利用各种教学资源可以丰富学习体验。Manus 可以帮助教师查找、评估和整合教学资源。例如，一位科学教师可以使用 Manus 搜索与课程主题相关的视频、模拟实验和开放教育资源，评估其质量和相关性，并将其整合到教学计划中。Manus 还可以帮助调整这些资源以适应特定的教学需求，确保它们与课程目标一致，并对学生有吸引力。

6. 教学反思与改进

持续的反思和改进是专业教学的核心。Manus 可以帮助教师分析教学实践，识别改进机会。例如，一位教育工作者可以使用 Manus 记录和分析课堂观察、学生反馈和评估结果，识别教学的强项和弱项。Manus 可以帮助分析相关的教学研究和最佳实践，提出具体的改进策略，支持教师的专业发展和教学效果的提升。

4.1.2 学习领域中 Manus 的应用场景

1. 学习目标设定与规划

明确的学习目标和系统的学习规划是有效学习的基础。Manus 可以帮助学习者确定学习目标，制订可行的学习计划。例如：一位想转行到数据分析领域的专业人士可以使用 Manus 评估当前技能与目标职位的差距，确定需要学习的关键知识和技能。Manus 可以帮助分解长期目标为短期里程碑，创建详细的学习时间表，包括学习资源、练习活动和进度检查点，确保学习过程既有挑战性又可管理。

2. 个性化学习资源推荐

在目前这个信息高度发达的时代，找到相关高质量的学习资源依然是一件需要花费很多时间但又至关重要的事。Manus 可以根据学习者的目标、水平和偏好，推荐个性化的学习资源。例如，一位自学编程的学生可以使用 Manus 获取适合初学者的 Python 教程、交互式编程平台和实践项目建议。Manus 不仅考虑内容的质量和相关性，还考虑学习者的学习风格和时间限制，确保推荐的资源既有效又适合学习者的具体情况。

3. 概念解释与知识体系构建

理解复杂概念和构建知识体系对于深度学习至关重要。Manus 可以提供清晰的概念解释，帮助学习者建立知识联系。例如，一位学习量子力学的学生可以使用 Manus 获取关键概念的多层次解释，从简化的类比到详细的技术描述，根据理解水平逐步深入。Manus 还可以帮助将新概念与已有知识联系起来，创建概念图和知识结构，支持整体理解和长期记忆。

4. 实践与反馈循环

实践和反馈是技能发展的核心。Manus 可以提供针对性的练习机会，并给予即时、有建设性的反馈。例如，一位学习数学的学生可以使用 Manus 进行解题练习，获得解题步骤、逻辑推理和计算准确性的反馈。对于更复杂的技能，如物理实验设计或化学方程式配平，Manus 可以提供详细的评估和改进建议，指出强项和弱项，并提供具体的改进策略。这种即时反馈循环可以提高学习效率，避免错误习惯的形成。

5. 学习进度跟踪与调整

跟踪学习进度并根据需要调整学习策略对于长期学习成效至关重要。Manus 可以帮助学习者跟踪学习活动、评估进展并调整计划。例如，一位准备专业认证考试的人可以使用 Manus 记录学习时间、完成的主题和模拟测试结果，生成进度报告和表现分析。基于这些数据，Manus 可以帮助识别需要额外关注的领域，调整学习计划以优化时间分配，确保考试准备的全面性和效率。

6. 学习动机维持与习惯培养

保持学习动机和培养持续学习习惯对于长期学习至关重要。Manus 可以提供动机支持和习惯培养策略。例如，一位自学者可以使用 Manus 设置学习目标和奖励系统，获取定期的进度提醒和鼓励信息。Manus 还可以帮助分析学习环境和习惯，提出改进建议，如创建专注的学习空间、使用番茄工作法或建立学习仪式，支持持续、有效的学习习惯形成。

4.2 教育与学习领域中 Manus 的指令案例

可以看到，Manus 能作为一个全知全能的私人教师陪伴在我们身边，成为个人学习和发展的强大伙伴，提供从目标设定到进度跟踪的全方位支持，使学习更加个性化、高效和令人愉快。无论是职业转型、技能提升还是兴趣探索，Manus 都能提供适应个人需求的学习支持。

接下来通过一些具体场景来看看如何设计指令让 Manus 赋能教育工作者与学习者。

首先如果有一位大学教授需要设计一门全新的数据科学入门课程，要求内容涵盖 Python 编程、数据可视化和机器学习基础，同时融合真实案例并兼顾学术严谨性与趣味性。我们可以这样撰写指令：

"设计一门面向本科生的数据科学入门课程，涵盖 10 周教学计划。每周须包含学习目标、理论知识点、实践项目及评估方式。课程须整合真实行业案例（如电商用户行为分析），平衡代码实践与理论讲解，并提供开放数据集资源。风格要求：用生活化类比解释技术概念（如将数据清洗比作'厨房备菜'），避免纯数学公式堆砌。"

基于上述指令，我们可以补充如下这些信息：

- 课程框架模板：提供现有课程结构，如"请按'概念讲解—案例演示—小组实验—反思讨论'四段式设计每堂课"。
- 学生背景：明确学生基础，如"学生已掌握基础统计学，但无编程经验"。
- 技术限制：说明教学条件，如"实验室仅支持 Jupyter Notebook，须设计浏览器端可完成的项目"。

现在换一个学科场景，一个中学教师需要为"工业革命的社会影响"单元设计包含讲座、辩论、角色扮演的混合教学方案，重点培养学生的批判性思维。我们可以这样撰写指令：

"为高中历史单元设计 2 周混合教学活动：首周通过虚拟工厂参观（使用 VR 资源）建立感性认知；次周组织'议会听证会'角色扮演，学生分别扮演资本家、工人、议员。要求输出每项活动的目标说明、材料清单、实施步骤及评估量表，并附延伸学习资源（纪录片/小说节选）。须强调史料分析能力培养，提供辩论话术指导模板。"

基于上述指令，我们可以补充如下这些信息：

- 设备条件：说明技术限制，如"教室配备 6 台 VR 眼镜，须设计分组轮换方案"。
- 差异化支持：添加特殊需求，如"为阅读障碍学生提供音频版背景资料"。
- 评估重点：指定能力维度，如"角色扮演环节须评估史料运用、逻辑论证、团队协作 3 项指标"。

接下来我们从教育从业者的角度转向个人学习。作为一位市场营销从业者，我希望能在 3 个月内转型为数据分析师，其间想系统学习 SQL、Python 及统计学知识，同时积累实战项目经验。我们可以这样撰写指令：

"为零基础转行者制订 3 个月数据分析学习计划：
阶段 1：掌握 SQL 查询与 Python 基础（侧重 Pandas/Matplotlib）；
阶段 2：统计学核心概念与 AB 测试案例分析；
阶段 3：电商用户行为分析实战项目。
要求：
每周安排 12 小时学习时间；
推荐交互式学习平台（如 DataCamp）与开源数据集；
包含阶段性作品集构建指导；
提供学习倦怠期的动机维持策略。"

基于上述指令，我们可以补充以下这些信息：
❏ 当前水平：说明起点，如"已熟悉 Excel 但未接触编程"。
❏ 职业偏好：明确方向，如"目标岗位为互联网行业用户增长分析师"。
❏ 学习风格：提供个性特征，如"偏好视觉化学习，抗拒纯文本教程"。

假设作为一个家长，你需要辅导孩子学习，而你的孩子现在是一个初三学生，在学习电路原理时存在理解障碍，需要多维度解释和针对性练习方案。这个时候 Manus 可以帮助你辅导你孩子的学业。我们可以这样撰写指令：

"为理解困难的中学生设计电路原理学习支持方案：
用'水流类比法'解释电压 / 电流 / 电阻的关系；
设计分难度练习题集（基础计算→故障排查→实际应用）；
生成常见错误模式分析及纠正指南；
输出形式须包含概念卡牌、错题本模板、家庭实验清单（利用日常物品演示原理）。"

基于上述指令，我们可以补充以下这些信息：

- 认知特点：说明具体障碍，如"难以理解抽象符号与实物的关联"。
- 兴趣点：结合学生偏好，如"学生热衷机器人竞赛，请设计相关应用案例"。
- 评估反馈：设定跟踪机制，如"每周自动生成知识掌握热力图"。

此外，我们还可以用 Manus 在教育与学习领域中完成这些事情：

- 数据驱动的动态调整：提供学生历史表现数据，使 Manus 能识别知识盲区并动态调整内容难度，如"基于附件中学生的 3 次测试错题记录，生成个性化补救学习方案"。
- 跨学科资源整合：要求 Manus 建立学科间关联，如"设计将数学函数知识应用于音乐频率分析的探究项目"。
- 设定内容过滤规则：如"推荐一批学习内容，所有推荐资源须符合青少年网络内容安全规范，自动屏蔽含不当商业推广的内容"。

4.3 实践案例：中国人工智能教育政策的整理

下面用一个完整的示例演示一下 Manus 如何让相关教育工作者快速、全面地了解教育相关的政策。

指令：

"请用表格整理中国人工智能教育相关政策，须包含政策名称（标注国家级/省级）、发布时间、核心内容（课程改革/教师培训/技术应用等）、实施目标（分学生/教师/学校）、典型应用场景及技术支撑方、区域特色对比。"

Manus 在收到指令后，首先提炼出了一个任务大纲。

输出结果：

中国人工智能教育相关政策整理任务

任务进度

- [ ] 搜索中国人工智能教育相关政策信息
- [ ] 创建政策表格结构
- [ ] 收集政策详细信息
- [ ] 按类别组织政策
- [ ] 将数据格式化为表格
- [ ] 审核和验证表格内容
- [ ] 将表格保存到文件
- [ ] 将完成的表格发送给用户

接下来，Manus 基于"中国人工智能教育政策文件"进行搜索并整理，你可以从搜索进度条中看到 Manus 都具体浏览了哪些网站的内容，如图 4-1 所示。

图 4-1　Manus 的搜索界面

完成信息筛选和总结后，Manus 开始基于具体内容创建和生成表格。在完成所有的任务后，Manus 对它所完成的所有工作进行了一个简短的介绍，并在最后展示了它在这项任务中生成的所有文件。

输出结果：

我已经完成了中国人工智能教育相关政策的整理工作，并将结果以表格形式呈现。

我收集并整理了以下 4 个重要的人工智能教育政策文件：

《新一代人工智能发展规划》（2017 年，国务院）

《高等学校人工智能创新行动计划》（2018 年，教育部）

《教育部部署加强中小学人工智能教育》（2024 年，教育部办公厅）

《教育部办公厅关于加强中小学人工智能教育的通知》（2024 年，教育部办公厅）

表格按照 3 种不同的分类方式进行了组织：

按时间顺序排列的政策表格：展示了从 2017 年到 2024 年人工智能教育政策的演进。

按教育阶段分类的政策表格：分为全阶段、高等教育和中小学教育 3 类。

按政策级别分类的政策表格：分为国家级和部委级两类。

每个表格都包含了政策的发布时间、发布机构、政策名称、文号、政策级别、适用教育阶段、主要内容、政策目标和实施措施等详细信息。

从这些政策可以看出，中国人工智能教育政策经历了从顶层设计到具体实施的发展过程，从最初的全面规划到针对不同教育阶段的专项政策，体现了国家对人工智能教育的持续重视和系统推进。

这些是 Manus 在完成这个任务的过程中所生成的文件，我们可以浏览这些文件了解它是如何完成这个任务的。可以看出，Manus 对于教育政策的理解，不仅包括完整的教育政策文件，也包含一些从文件中提取出来的相关政策（在"文号"列中标注"未明确"的内容）。Manus 输出的部分"中国人工智能教育政策表格（已审核版）"如图 4-2 所示，仅用于展示输出结果。

第 4 章 教育与学习领域中的 Manus 实践 91

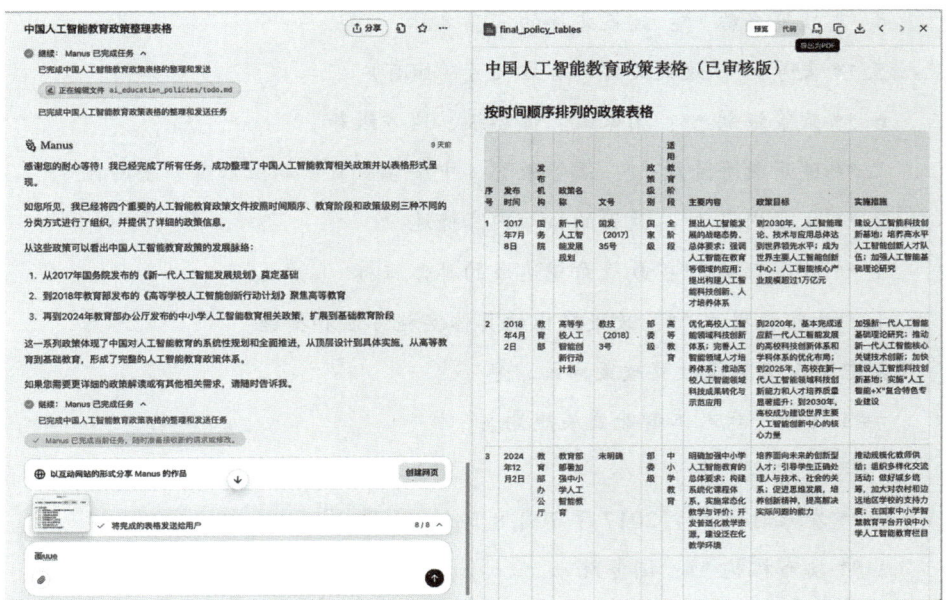

图 4-2　Manus 输出的部分"中国人工智能教育政策表格（已审核版）"

输出结果：

中国人工智能教育政策表格结构

表格字段设计

序号	发布时间	发布机构	政策名称	文号	政策级别	适用教育阶段	主要内容	政策目标	实施措施

字段说明

1. ** 序号 **：政策的编号，按照发布时间排序

2. ** 发布时间 **：政策发布的具体日期，格式为"YYYY 年 MM 月 DD 日"

3. ** 发布机构 **：发布政策的政府部门或机构

4. **政策名称**：政策文件的完整名称

5. **文号**：政策文件的官方文号（如有）

6. **政策级别**：国家级、部委级、地方级等

7. **适用教育阶段**：高等教育、中小学教育、职业教育、全阶段等

8. **主要内容**：政策的核心内容概述

9. **政策目标**：政策希望达成的具体目标

10. **实施措施**：政策提出的具体实施方法和措施

中国人工智能教育政策详细信息

1.《新一代人工智能发展规划》

- **序号**：1

- **发布时间**：2017年7月8日

- **发布机构**：国务院

- **政策名称**：新一代人工智能发展规划

- **文号**：国发〔2017〕35号

- **政策级别**：国家级

- **适用教育阶段**：全阶段

- **主要内容**：

    - 提出人工智能发展的战略态势、总体要求

    - 强调人工智能在教育等领域的应用

    - 提出构建人工智能科技创新、人才培养体系

- **政策目标**：

    - 到2030年，人工智能理论、技术与应用总体达到世界领先水平

    - 成为世界主要人工智能创新中心

    - 人工智能核心产业规模超过1万亿元

- **实施措施**：

    - 建设人工智能科技创新基地

    - 培养高水平人工智能创新人才队伍

- 加强人工智能基础理论研究

2.《高等学校人工智能创新行动计划》

- **序号**：2
- **发布时间**：2018 年 4 月 2 日
- **发布机构**：教育部
- **政策名称**：高等学校人工智能创新行动计划
- **文号**：教技〔2018〕3 号
- **政策级别**：部委级
- **适用教育阶段**：高等教育
- **主要内容**：
  - 优化高校人工智能领域科技创新体系
  - 完善人工智能领域人才培养体系
  - 推动高校人工智能领域科技成果转化与示范应用
- **政策目标**：
  - 到 2020 年，基本完成适应新一代人工智能发展的高校科技创新体系和学科体系的优化布局
  - 到 2025 年，高校在新一代人工智能领域科技创新能力和人才培养质量显著提升
  - 到 2030 年，高校成为建设世界主要人工智能创新中心的核心力量
- **实施措施**：
  - 加强新一代人工智能基础理论研究
  - 推动新一代人工智能核心关键技术创新
  - 加快建设人工智能科技创新基地
  - 实施"人工智能＋X"复合特色专业建设

3.《教育部办公厅关于加强中小学人工智能教育的通知》

- **序号**：3
- **发布时间**：2024 年 11 月 20 日

- **发布机构**：教育部办公厅
- **政策名称**：教育部办公厅关于加强中小学人工智能教育的通知
- **文号**：教基厅函〔2024〕32号
- **政策级别**：部委级
- **适用教育阶段**：中小学教育
- **主要内容**：
  - 明确到2030年前在中小学基本普及人工智能教育的目标
  - 按照不同学段设置不同的教育重点
  - 强调培养解决实际问题的能力
- **政策目标**：
  - 2030年前在中小学基本普及人工智能教育
  - 统筹推进中小学和大学人工智能教育一体化发展
- **实施措施**：
  - 小学低年级段侧重感知和体验人工智能技术
  - 小学高年级和初中阶段侧重理解和应用人工智能技术
  - 高中阶段侧重项目创作和前沿应用
  - 推进基于任务式、项目式、问题式学习的教学

4.《教育部部署加强中小学人工智能教育》

- **序号**：4
- **发布时间**：2024年12月2日
- **发布机构**：教育部办公厅
- **政策名称**：教育部部署加强中小学人工智能教育
- **文号**：未明确
- **政策级别**：部委级
- **适用教育阶段**：中小学教育
- **主要内容**：
  - 明确加强中小学人工智能教育的总体要求

- 构建系统化课程体系，实施常态化教学与评价
- 开发普适化教学资源，建设泛在化教学环境
- **政策目标**：
  - 培养面向未来的创新型人才
  - 引导学生正确处理人与技术、社会的关系
  - 促进思维发展，培养创新精神，提高解决实际问题的能力
- **实施措施**：
  - 推动规模化教师供给
  - 组织多样化交流活动
  - 做好城乡统筹，加大对农村和边远地区学校的支持力度
  - 在国家中小学智慧教育平台开设中小学人工智能教育栏目

中国人工智能教育政策分类整理

按时间顺序分类

2017 年

1. **《新一代人工智能发展规划》**
   - 发布机构：国务院
   - 发布时间：2017 年 7 月 8 日
   - 政策级别：国家级
   - 适用教育阶段：全阶段
   - 主要特点：作为中国人工智能发展的基础性政策文件，为后续人工智能教育政策奠定基础

2018 年

2. **《高等学校人工智能创新行动计划》**
   - 发布机构：教育部
   - 发布时间：2018 年 4 月 2 日
   - 政策级别：部委级
   - 适用教育阶段：高等教育

- 主要特点：专门针对高等教育阶段的人工智能创新发展

2024 年

3. **《教育部办公厅关于加强中小学人工智能教育的通知》**

   - 发布机构：教育部办公厅

   - 发布时间：2024 年 11 月 20 日

   - 政策级别：部委级

   - 适用教育阶段：中小学教育

   - 主要特点：设定了 2030 年前中小学基本普及人工智能教育的目标

4. **《教育部部署加强中小学人工智能教育》**

   - 发布机构：教育部办公厅

   - 发布时间：2024 年 12 月 2 日

   - 政策级别：部委级

   - 适用教育阶段：中小学教育

   - 主要特点：专门针对中小学阶段的人工智能教育发展

按教育阶段分类

全阶段

1. **《新一代人工智能发展规划》**

   - 发布机构：国务院

   - 发布时间：2017 年 7 月 8 日

   - 政策级别：国家级

   - 主要特点：为中国人工智能发展提供全面战略规划，涵盖各教育阶段

高等教育

2. **《高等学校人工智能创新行动计划》**

   - 发布机构：教育部

   - 发布时间：2018 年 4 月 2 日

   - 政策级别：部委级

   - 主要特点：针对高校人工智能领域科技创新、人才培养和国际合作交

流等能力建设

中小学教育

3. **《教育部办公厅关于加强中小学人工智能教育的通知》**
   - 发布机构：教育部办公厅
   - 发布时间：2024 年 11 月 20 日
   - 政策级别：部委级
   - 主要特点：设定了中小学人工智能教育普及的时间表和路线图

4. **《教育部部署加强中小学人工智能教育》**
   - 发布机构：教育部办公厅
   - 发布时间：2024 年 12 月 2 日
   - 政策级别：部委级
   - 主要特点：明确中小学人工智能教育的总体要求和实施途径

按政策级别分类

国家级

1. **《新一代人工智能发展规划》**
   - 发布机构：国务院
   - 发布时间：2017 年 7 月 8 日
   - 适用教育阶段：全阶段
   - 主要特点：国家层面的战略规划，为人工智能发展提供顶层设计

部委级

2. **《高等学校人工智能创新行动计划》**
   - 发布机构：教育部
   - 发布时间：2018 年 4 月 2 日
   - 适用教育阶段：高等教育
   - 主要特点：教育部层面的专项行动计划，针对高等教育阶段

3. **《教育部办公厅关于加强中小学人工智能教育的通知》**
   - 发布机构：教育部办公厅

- 发布时间：2024 年 11 月 20 日

- 适用教育阶段：中小学教育

- 主要特点：教育部层面的长期目标规划，针对中小学教育阶段

4. **《教育部部署加强中小学人工智能教育》**

- 发布机构：教育部办公厅

- 发布时间：2024 年 12 月 2 日

- 适用教育阶段：中小学教育

- 主要特点：教育部层面的专项部署，针对中小学教育阶段

中国人工智能教育相关政策收集

1.《新一代人工智能发展规划》

- **发布机构**：国务院

- **发布时间**：2017 年 7 月 8 日

- **文号**：国发〔2017〕35 号

- **主要内容**：

  - 作为中国人工智能发展的基础性政策文件

  - 提出人工智能发展的战略态势、总体要求

  - 强调人工智能在教育等领域的应用将提高公共服务精准化水平

  - 为后续人工智能教育政策奠定基础

2.《高等学校人工智能创新行动计划》

- **发布机构**：教育部

- **发布时间**：2018 年 4 月 2 日

- **文号**：教技〔2018〕3 号

- **主要内容**：

  - 引导高校瞄准世界科技前沿，提高人工智能领域科技创新、人才培养能力

  - 优化高校人工智能领域科技创新体系

  - 完善人工智能领域人才培养体系

- 推动高校人工智能领域科技成果转化与示范应用

- 加强人工智能国际交流与合作

3.《教育部办公厅关于加强中小学人工智能教育的通知》

- **发布机构**：教育部办公厅

- **发布时间**：2024 年 11 月 20 日

- **文号**：教基厅函〔2024〕32 号

- **主要内容**：

  - 明确到 2030 年前在中小学基本普及人工智能教育的目标

  - 按照不同学段设置不同的教育重点：小学低年级段侧重感知和体验，小学高年级和初中阶段侧重理解和应用，高中阶段侧重项目创作和前沿应用

  - 强调培养解决实际问题的能力，推进基于任务式、项目式、问题式学习的教学

  - 统筹推进中小学和大学人工智能教育一体化发展

4.《教育部部署加强中小学人工智能教育》

- **发布机构**：教育部办公厅

- **发布时间**：2024 年 12 月 2 日

- **主要内容**：

  - 明确加强中小学人工智能教育的总体要求

  - 构建系统化课程体系，实施常态化教学与评价

  - 开发普适化教学资源，建设泛在化教学环境

  - 推动规模化教师供给

  - 组织多样化交流活动

  - 做好城乡统筹，加大对农村和边远地区学校的支持力度

第 5 章 CHAPTER

内容创作与媒体领域中的 Manus 实践

在内容创作与媒体行业，Manus 作为创新的 AI 智能体工具，正在为创作者和媒体从业者开启全新的工作范式。它不仅是提升效率的智能助手，更是激发创意、优化流程的合作伙伴。Manus 为内容创作的全生命周期提供支持——从创意构思、素材研究到内容生产与优化，帮助创作者在竞争激烈的媒体环境中脱颖而出。本章将深入探讨 Manus 如何赋能内容创作，重塑媒体生产流程，为行业带来革新性的改变。

5.1 内容创作与媒体领域中 Manus 的应用场景

Manus 在内容创作领域可以成为实用的小助理，帮助实现以下场景的创作提效。

内容营销是当今数字营销的核心，而高质量、有针对性的内容创作是一项耗时且具有挑战性的工作。Manus 可以在整个内容创作过程中提供全方位的支持。

1. 受众研究与内容规划

内容创作的第一步是了解目标受众和他们的需求。Manus 可以帮助分析目标人群的特征、兴趣和行为模式，从而制定更有针对性的内容策略。例如，一家健康食品公司可以使用 Manus 分析目标客户群体的健康意识、饮食习惯和购买行为，识别他们最关心的健康话题和信息需求。基于这些分析，Manus 可以生成内容日历和主题建议，确保内容与受众需求紧密匹配。

2. 市场和竞争分析

了解市场趋势和竞争对手的内容策略对于制定差异化内容至关重要。Manus 可以收集和分析行业报告、社交媒体趋势和竞争对手的内容表现，提供市场洞察和竞争情报。例如，一个科技博客可以使用 Manus 分析竞争对手的热门文章、评论互动和分享数据，识别内容缺口和机会，从而创建更具吸引力和差异化的内容。

3. 内容创作与优化

Manus 可以协助创建各种类型的营销内容，包括博客文章、社交媒体帖子、电子邮件通信、产品描述和广告文案。它不仅能生成初稿，还能根据品牌调性、目标受众和营销目标进行调整和优化。例如，一家旅游公司可以使用 Manus 为不同潜在受众群体创作针对性的内容描述，根据季节和目标人群调整内容重点，并确保文案符合品牌调性。

4. 搜索引擎优化

搜索引擎优化（SEO）是内容营销的关键组成部分。Manus 可以帮助研究相关关键词，分析搜索意图，并优化内容以提高搜索排名。它可以建议标题标签、元描述、标题结构和内部链接策略，确保内容既对人类读者有吸引力，又对搜索引擎友好。例如，一家家具电商可以使用 Manus 优化产品描述和电商平台文章，确保包含适当的关键词和语义相关术语，同时保持自然流畅的阅读体验。

5. 内容效能分析

发布内容后，了解其表现对于持续改进至关重要。Manus 可以帮助分析内容的参与度、转化率和 ROI，提供数据驱动的洞察和改进建议。例如，一家 B2B 软件公司可以使用 Manus 分析其白皮书和案例研究的下载率、阅读时间和转化路径，识别最有效的内容类型和主题，并据此来调整未来的内容策略。

6. 多渠道内容适配

不同的平台和渠道需要不同格式和风格的内容。Manus 可以帮助将核心内容调整为适合各种渠道的格式，确保一致的信息传递和最佳的用户体验。例如，一家时尚品牌可以使用 Manus 将一篇关于季节趋势的长文章转化为小红书的简短帖子、官网以及杂志的视觉内容和电商平台橱窗的摘要版本，每个版本都针对特定平台的特点和受众习惯进行了优化。

7. 新媒体内容整合

Manus 可以帮助自媒体作者规划和创建短视频内容报道，确保视频中各种元素相互补充，共同讲述一个连贯的故事。例如，一名自媒体作者想制作一个艺术节回顾视频，可以使用 Manus 规划如何结合文字描述、艺术家访谈、作品图片和观众反应，创建一个全面而生动的自媒体视频。Manus 还可以建议适合不同平台的内容格式和展示方式，优化跨平台的用户体验。

通过这些应用，Manus 可以显著提高内容创作的效率和质量，生产更多相关、引人入胜且有效的内容，同时减少所需的时间和资源。

5.2 内容创作与媒体领域中 Manus 的指令案例

下面将在具体的案例中解释如何在不同场景下使用 Manus 辅助内容创作。

创意内容和营销文案包括广告文案、社交媒体内容、品牌故事、营销邮件等，Manus 能够根据你的品牌调性和营销目标，生成引人入胜的创意内容。我们可以这样撰写指令：

"为我们新推出的有机护肤产品线创作一系列社交媒体帖子。目标受众是 25～40 岁注重健康生活方式的城市女性。品牌调性应温暖、真实、专业但不刻板。每个帖子应包括引人注目的标题、150～200 字的正文和 2～3 个相关标签建议。内容主题应围绕产品的天然成分、环保包装和有效成分科学原理，强调'自然美'的理念。"

"撰写一封新产品发布的营销邮件。产品是一款高端智能手表，主打健康监测和运动追踪功能。目标受众是 35～55 岁的健康意识高的专业人士。邮件应简洁有力，突出产品的独特卖点和早鸟优惠，包含明确的行动号召。风格应专业但友好，避免过于技术化的语言。"

"创作一个品牌故事，讲述我们咖啡公司的起源和价值观。我们是一家注重可持续发展和公平贸易的精品咖啡品牌，直接与小型咖啡农合作。故事应真实、感人、有画面感，长度约500字，适合放在公司网站的'关于我们'页面。语调应温暖而真诚，传达我们对品质和社会责任的承诺。"

基于上述指令，我们可以补充如下这些信息：

- 品牌指南：提供品牌色彩、语调、核心信息等品牌元素，如"我们的品牌色调是蓝色和绿色，代表信任和自然"。
- 参考案例：分享你喜欢的类似内容作为参考，如"风格类似于附件中的竞品广告，但更加强调情感连接"。
- 差异化要点：明确你希望强调的与竞品的区别，如"我们产品的主要优势是更长的电池寿命和更直观的用户界面"。
- 情感诉求：指明你希望唤起的情感反应，如"内容应引发怀旧和温暖的感觉，回忆童年的简单快乐"。
- 内容限制：说明任何需要避免的内容或表达，如"避免使用过于夸张的承诺或与竞品的直接比较"。

自媒体内容规划通常涉及视频大纲、脚本、前期拍摄、镜头设计等多种形式的创作规划。虽然Manus本身不能直接生成视频，但它可以提供详细的内容规划和脚本，为自媒体制作提供基础。我们可以这样撰写指令：

"创建一个5分钟产品演示视频的脚本。产品是一款面向小型企业的客户关系管理软件。视频应包括简短的公司介绍、产品主要功能展示（联系人管理、销售跟踪、报告分析）、一个简短的使用案例和行动号召。脚本应包括旁白文本和视觉场景描述，语调专业但友好，避免过于技术化的术语。目标是让潜在客户了解产品如何能解决他们的实际问题。"

"规划一个6集的教育短视频，主题是'数字时代的个人财务管理'。每集约5～10分钟，面向25～40岁的年轻专业人士。请提供每集的主题建议、内容大纲、可能的嘉宾类型和关键讨论点。系列应从基础概念开始，逐步深入到更复杂的策略，风格应轻松但信息丰富，平衡理论知识和实用建议。"

基于上述指令，我们可以补充如下这些信息：

- 参考风格：提供风格参考，如"请参考'影视飓风'的科普视频风格，创作出有深度但轻松有趣的视频脚本"。
- 受众知识水平：明确受众的背景知识，如"假设观众对基本金融概念有了解，但不熟悉投资策略"。
- 格式要求：让 Manus 改进脚本格式，使其变得更加专业，如"请将视频脚本按照表格的形式排版，并在右边一栏加上对应的分镜描述"。

5.3　实践案例：Manus 科普短视频的制作计划

通过掌握这些内容创作技巧，你可以充分利用 Manus 的创意能力和专业知识，生成各种高质量的内容。下面将演示一个具体案例，来看看 Manus 是如何多线处理复杂问题的。我们可以这样撰写指令：

"请做一条向大众科普 Manus 的短视频，包含视频脚本、视频故事板、视频结构和视频风格指南。视频脚本中应包括旁白文本和视觉场景描述，语调专业、友好，避免过于技术化的术语。"

Manus 首先分析并拆分了当前任务，创建了一个初步的任务计划表。

输出结果：
Manus 科普短视频制作计划
研究阶段
- [ ] 搜集 Manus 的基本信息
- [ ] 了解 Manus 的主要功能和特点

- [ ] 研究 Manus 的应用场景
- [ ] 收集 Manus 的用户评价和反馈

创作阶段

- [ ] 编写视频脚本
- [ ] 设计视觉故事板
- [ ] 准备媒体资源（图片、图标等）
- [ ] 设计视频风格和节奏

制作阶段

- [ ] 编译视频内容
- [ ] 审核和优化视频
- [ ] 完成最终视频成品
- [ ] 交付视频给用户

接下来，Manus 开始收集和分析来自各种来源的信息，基于"Manus AI""人工智能助手""功能特点"等关键词进行信息整理，如图 5-1 和图 5-2 所示。

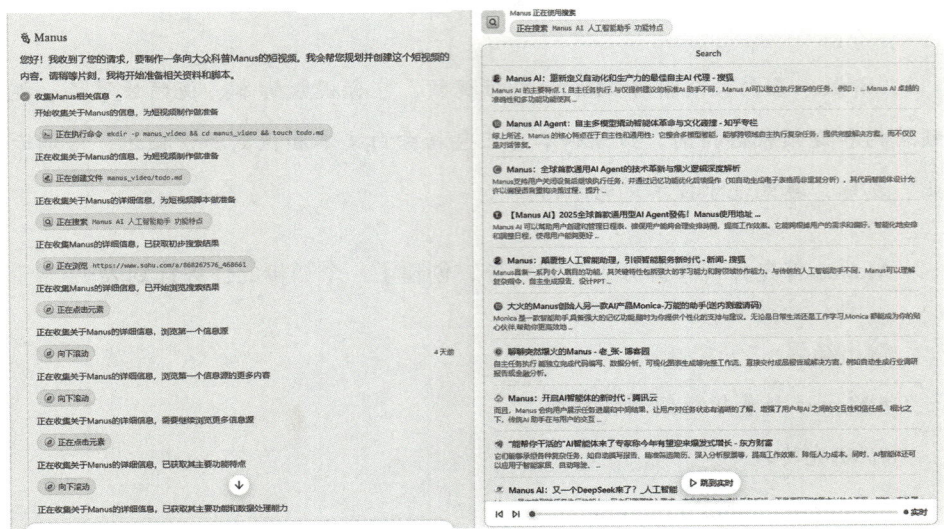

图 5-1　Manus 的信息整理过程

第 5 章　内容创作与媒体领域中的 Manus 实践

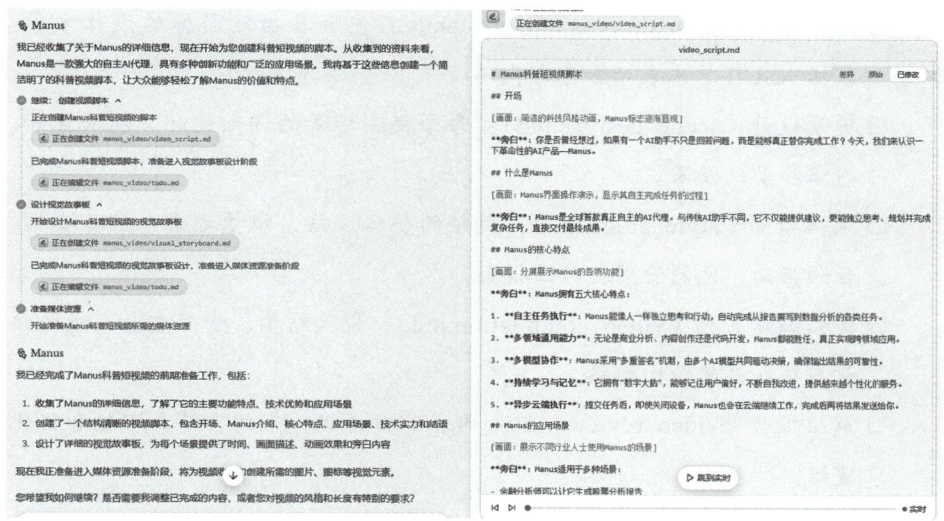

图 5-2　Manus 生成视频脚本的过程

在收集完信息并整理后，Manus 开始板块内容文件的创建和撰写。

在完成所有内容后，Manus 对它完成的所有任务，以及创建的各个文件进行了一个简单的介绍。

输出结果：

我已完成 Manus 科普短视频的全部制作方案，现在向您交付所有相关文件。这个方案包含了从研究到制作的完整流程，为您提供了一个专业、吸引人且信息丰富的 Manus 科普短视频框架。

以下是各个文件的简要说明：

- 视频脚本（video_script.md）：完整的视频旁白和场景描述，包括开场、Manus 介绍、核心特点、应用场景、技术实力和结语。
- 视觉故事板（visual_storyboard.md）：详细的视觉规划，为每个场景提供了时间、画面描述、动画效果和旁白内容。
- 媒体资源计划（media_assets_plan.md）：全面的媒体资源规划，包括图标和标志、场景插图、动画元素、色彩方案、字体选择和音效计划。

- 图标设计（icon_designs.md）：Manus标志和各功能图标的设计方案，包括ASCII艺术表示和色彩代码。
- 场景设计（scene_designs.md）：每个视频场景的详细设计，包括背景、内容和动画效果。
- 风格指南（style_guide.md）：视频的整体风格、视觉元素、节奏安排、音频指南、色彩使用和动画指南。
- 视频编译文档（video_compilation.md）：视频结构、资源整合、编译注意事项和最终输出规格。
- 审核报告（video_review.md）：内容审核、视觉审核、节奏审核和优化建议。

这个科普短视频方案突出了Manus作为自主AI代理的创新特点，包括其自主任务执行能力、多领域通用能力、多模型协作机制、持续学习与记忆功能以及异步云端执行特性。视频长度约为2分20秒，采用现代科技风格，以蓝色为主色调，确保内容准确、视觉吸引且易于理解。

您可以将这些文件交给视频制作团队，他们可以基于这个完整方案制作出最终的科普短视频。如果您需要任何调整或有其他问题，请随时告诉我。

界面下方可以看到Manus在整个任务流程中所创建的所有文件，如图5-3所示。接下来，我们来看看Manus完成的结果如何。

图5-3　Manus在整个任务流程中所创建的所有文件

输出结果：

Manus科普短视频视觉故事板

场景 1：开场

![开场]（https://placeholder.com/600x400）

- **时间**：0:00～0:10
- **画面描述**：简洁的科技风格背景，蓝色和白色为主色调
- **动画效果**：Manus 标志从小到大逐渐显现，周围有数字粒子流动效果
- **旁白**：你是否曾经想过，如果有一个 AI 助手不只是回答问题，而是能够真正替你完成工作？今天，我们来认识一下革命性的 AI 产品——Manus。

场景 2：什么是 Manus

![Manus 介绍]（https://placeholder.com/600x400）

- **时间**：0:10～0:25
- **画面描述**：分屏展示 Manus 界面，左侧是用户输入指令，右侧是 Manus 自主执行任务的过程
- **动画效果**：界面操作演示，突出显示 Manus 自主完成任务的关键步骤
- **旁白**：Manus 是全球首款真正自主的 AI 代理。与传统 AI 助手不同，它不仅能提供建议，更能独立思考、规划并完成复杂任务，直接交付最终成果。

场景 3：Manus 的核心特点

![核心特点]（https://placeholder.com/600x400）

- **时间**：0:25～1:10
- **画面描述**：5 个特点依次展示，每个特点配有简洁的图标和简短的文字说明
- **动画效果**：每个特点出现时有轻微的放大效果，并配有相应的图示动画
- **旁白**：Manus 拥有五大核心特点，即自主任务执行、多领域通用能力、多模型协作、持续学习与记忆、异步云端执行。

特点1：自主任务执行

![自主任务执行]（https://placeholder.com/600x400）

- **画面描述**：显示 Manus 自动完成报告撰写的过程，从收集数据到生成最终文档
- **动画效果**：加速展示整个工作流程，关键步骤放慢并高亮显示
- **旁白**：Manus 能像人一样独立思考和行动，自动完成从报告撰写到数据分析的各类任务。

特点2：多领域通用能力

![多领域通用能力]（https://placeholder.com/600x400）

- **画面描述**：展示 Manus 在不同领域的应用，包括商业分析、内容创作和代码开发
- **动画效果**：不同领域的图标围绕 Manus 标志旋转，突出其通用性
- **旁白**：无论是商业分析、内容创作还是代码开发，Manus 都能胜任，真正实现跨领域应用。

特点3：多模型协作

![多模型协作]（https://placeholder.com/600x400）

- **画面描述**：多个 AI 模型图标连接形成网络，共同驱动决策过程
- **动画效果**：模型之间有数据流动的动画，表示信息交换和协作
- **旁白**：Manus 采用"多重签名"机制，由多个 AI 模型共同驱动决策，确保输出结果的可靠性。

特点4：持续学习与记忆

![持续学习与记忆]（https://placeholder.com/600x400）

- **画面描述**：展示 Manus 的"数字大脑"，记忆用户偏好并不断改进
- **动画效果**：大脑图标内部有神经网络闪烁效果，表示学习过程
- **旁白**：它拥有"数字大脑"，能够记住用户偏好，不断自我改进，提供越来越个性化的服务。

特点5：异步云端执行

![异步云端执行]（https://placeholder.com/600x400）

- **画面描述**：用户提交任务后关闭设备，云端继续工作并最终发送结果通知

- **动画效果**：设备关闭但云端服务器继续运行的动画，最后发送完成通知

- **旁白**：提交任务后，即使关闭设备，Manus 也会在云端继续工作，完成后再将结果发送给你。

场景 4：Manus 的应用场景

![应用场景]（https://placeholder.com/600x400）

- **时间**：1:10 ～ 1:35

- **画面描述**：展示不同行业人士使用 Manus 的场景，包括金融分析师、教育工作者、市场营销人员、开发人员和普通用户

- **动画效果**：场景之间平滑切换，每个场景突出显示 Manus 的具体应用

- **旁白**：Manus 适用于多种场景：金融分析师可以让它生成股票分析报告；教育工作者能用它创建教学课件；市场营销人员可以委托它进行市场调研；开发人员能让它编写和测试代码；普通用户也可以用它规划旅行或整理日程。

场景 5：Manus 的技术实力

![技术实力]（https://placeholder.com/600x400）

- **时间**：1:35 ～ 1:50

- **画面描述**：展示 GAIA 基准测试的图表，突出 Manus 的优异表现

- **动画效果**：图表动态生成，Manus 的数据条突出显示并超过其他模型

- **旁白**：在权威的 GAIA 基准测试中，Manus 刷新了纪录，其表现超越了同层次的大模型，证明了其卓越的问题解决能力。

场景 6：结语

![结语]（https://placeholder.com/600x400）

- ** 时间 **：1:50 ～ 2:10
- ** 画面描述 **：回到 Manus 标志，周围环绕着代表各行业的图标
- ** 动画效果 **：图标围绕 Manus 标志旋转，表示其广泛的影响力
- ** 旁白 **：Manus 正在重新定义 AI 与人类的协作方式，它不只是一个助手，更是一个能够独立完成工作的数字伙伴。未来，它将如何改变我们的工作和生活？让我们拭目以待。

场景 7：结束画面

![结束]（https://placeholder.com/600x400）

- ** 时间 **：2:10 ～ 2:20
- ** 画面描述 **：Manus 官方网站和二维码
- ** 动画效果 **：网址和二维码淡入，有轻微的闪光效果吸引注意
- ** 旁白 **：想了解更多关于 Manus 的信息，请访问官方网站。感谢观看！

Manus 科普短视频脚本

开场

[画面：简洁的科技风格动画，Manus 标志逐渐显现]

** 旁白 **：你是否曾经想过，如果有一个 AI 助手不只是回答问题，而是能够真正替你完成工作？今天，我们来认识一下革命性的 AI 产品——Manus。

什么是 Manus

[画面：Manus 界面操作演示，显示其自主完成任务的过程]

** 旁白 **：Manus 是全球首款真正自主的 AI 代理。与传统 AI 助手不同，它不仅能提供建议，更能独立思考、规划并完成复杂任务，直接交付最终成果。

Manus 的核心特点

[画面：分屏展示 Manus 的各项功能]

** 旁白 **：Manus 拥有五大核心特点：

1. ** 自主任务执行 **：Manus 能像人一样独立思考和行动，自动完成从报告撰写到数据分析的各类任务。

2.**多领域通用能力**：无论是商业分析、内容创作还是代码开发，Manus 都能胜任，真正实现跨领域应用。

3.**多模型协作**：Manus 采用"多重签名"机制，由多个 AI 模型共同驱动决策，确保输出结果的可靠性。

4.**持续学习与记忆**：它拥有"数字大脑"，能够记住用户偏好，不断自我改进，提供越来越个性化的服务。

5.**异步云端执行**：提交任务后，即使关闭设备，Manus 也会在云端继续工作，完成后再将结果发送给你。

Manus 的应用场景

[画面：展示不同行业人士使用 Manus 的场景]

旁白：Manus 适用于多种场景：

- 金融分析师可以让它生成股票分析报告
- 教育工作者能用它创建教学课件
- 市场营销人员可以委托它进行市场调研
- 开发人员能让它编写和测试代码
- 普通用户也可以用它规划旅行或整理日程

Manus 的技术实力

[画面：展示 GAIA 基准测试的图表，突出 Manus 的优异表现]

旁白：在权威的 GAIA 基准测试中，Manus 刷新了纪录，其表现超越了同层次的大模型，证明了其卓越的问题解决能力。

结语

[画面：回到 Manus 标志，周围环绕着代表各行业的图标]

旁白：Manus 正在重新定义 AI 与人类的协作方式，它不只是一个助手，更是一个能够独立完成工作的数字伙伴。未来，它将如何改变我们的工作和生活？让我们拭目以待。

[画面：Manus 官方网站和二维码]

旁白：想了解更多关于 Manus 的信息，请访问官方网站。感谢观看！

Manus 科普短视频场景设计

场景 1：开场

- **背景**：科技风格的抽象背景，蓝色和白色为主色调
- **动画**：数字粒子流动效果，Manus 标志从小到大逐渐显现
- **文字**：简洁的"认识 Manus"标题淡入

场景 2：什么是 Manus

- **背景**：简约的界面设计
- **内容**：分屏展示，左侧用户输入指令，右侧 Manus 执行任务
- **文字**：关键词"自主 AI 代理"强调显示

场景 3：Manus 的核心特点总览

- **背景**：深色背景上的五个功能图标
- **动画**：五个图标依次亮起，形成环形排列
- **文字**：中央显示"Manus 五大核心特点"

场景 3.1 ~ 3.5：各核心特点详解

- **设计风格**：每个特点使用对应的主题色
- **动画**：图标放大，相关功能演示动画
- **文字**：特点名称和简短说明

场景 4：应用场景

- **背景**：分割为 5 个区域的界面
- **内容**：不同行业人士使用 Manus 的场景
- **动画**：场景之间平滑切换，突出 Manus 的多样化应用

场景 5：技术实力

- **背景**：数据分析风格背景
- **内容**：GAIA 基准测试图表，Manus 数据条突出显示
- **动画**：图表动态生成，数据对比效果

场景 6：结语

- **背景**：回到开场风格

- **内容**：Manus 标志周围环绕各行业图标

- **动画**：图标围绕 Manus 标志旋转，表示广泛影响力

场景 7：结束画面

- **背景**：简洁的深色背景

- **内容**：Manus 官方网站和二维码

- **动画**：网址和二维码淡入，有轻微闪光效果

Manus 科普短视频媒体资源计划

图标和标志

1. **Manus 标志**

    – 简约现代风格的 Manus 标志

    – 蓝色和白色为主色调

    – 用于开场和结尾场景

2. **功能图标集**

    – 自主任务执行图标（机器人思考 / 工作图标）

    – 多领域通用能力图标（多个领域连接的网络图标）

    – 多模型协作图标（多个 AI 模型连接的图标）

    – 持续学习与记忆图标（数字大脑 / 神经网络图标）

    – 异步云端执行图标（云计算 / 远程处理图标）

3. **行业应用图标**

    – 金融分析图标（股票图表 / 金融符号）

    – 教育工作图标（教学 / 课件符号）

    – 市场营销图标（市场调研 / 数据分析符号）

    – 软件开发图标（代码 / 编程符号）

    – 个人助理图标（日程 / 旅行规划符号）

场景插图

1. **开场背景**

    – 科技风格的抽象背景

- 数字粒子流动效果素材

2. **Manus 界面演示**

    - Manus 操作界面模拟图

    - 任务执行过程截图/模拟图

3. **GAIA 基准测试图表**

    - 性能对比柱状图/折线图

    - 突出 Manus 优势的数据可视化

4. **应用场景插图**

    - 不同行业人士使用 Manus 的场景图

    - 工作场景和成果展示图

5. **结束画面元素**

    - 官方网站信息图

    - 二维码模板

动画元素

1. **转场效果素材**

    - 平滑切换效果

    - 淡入淡出效果

2. **强调动画素材**

    - 放大/缩小效果

    - 高亮显示效果

3. **数据流动效果**

    - 信息传递动画

    - 数据处理可视化

4. **进度展示动画**

    - 任务完成进度条

    - 步骤展示动画

色彩方案

1. **主色调**
   - 科技蓝：#0078D7
   - 纯白：#FFFFFF
   - 深灰：#333333
2. **辅助色**
   - 活力橙：#FF8C00
   - 创新绿：#00B294
   - 智能紫：#8764B8

字体选择

1. **标题字体**
   - 无衬线现代字体
   - 粗体，清晰易读
2. **正文字体**
   - 简洁无衬线字体
   - 中等粗细，适合短视频观看

音效计划

1. **背景音乐**
   - 科技感强的轻音乐
   - 节奏适中，不喧宾夺主
2. **转场音效**
   - 简短的过渡音效
   - 与画面切换同步
3. **强调音效**
   - 关键点出现时的提示音
   - 重要信息的强调音

Manus 科普短视频风格指南

整体风格

- **现代科技风格**：简洁、专业、未来感

- **视觉基调**：以蓝色为主色调，辅以白色和深灰色

- **动画风格**：流畅、精致、不过于花哨

- **节奏**：中等节奏，保持信息传递清晰

视觉元素

- **字体**：无衬线现代字体，清晰易读

- **图标**：扁平化设计，线条简洁

- **背景**：简约但有科技感的抽象背景

- **转场**：平滑过渡，避免突兀切换

节奏安排

- **开场**：简短有力，吸引注意力（约10秒）

- **介绍部分**：节奏适中，清晰传达基本概念（约15秒）

- **核心特点**：每个特点分配8～10秒，保持节奏一致

- **应用场景**：稍快节奏，展示多样性（约25秒）

- **技术实力**：稍慢节奏，强调重要数据（约15秒）

- **结语**：舒缓节奏，留下深刻印象（约20秒）

- **结束画面**：简短停留，提供后续行动（约10秒）

音频指南

- **背景音乐**：科技感强的轻音乐，节奏与视频节奏匹配

- **旁白风格**：专业、清晰、亲切，不过于正式

- **音效**：适度使用，强调关键点和转场

色彩使用

- **主色**：科技蓝（#0078D7）- 用于主要元素和强调

- **辅助色**：

  - 纯白（#FFFFFF）- 用于背景和文字

  - 深灰（#333333）- 用于文字和边框

  - 活力橙（#FF8C00）- 用于强调和关键点

- 创新绿（#00B294）- 用于积极元素和成功指标
- 智能紫（#8764B8）- 用于创新和技术元素

动画指南

- **图标动画**：简洁的出现和变换效果
- **文字动画**：平滑的淡入淡出，关键词有强调效果
- **场景转换**：使用一致的转场效果
- **数据可视化**：动态生成效果，突出重要数据

Manus 科普短视频内容编译

视频结构

1. **开场**（0:00～0:10）

    - Manus 标志动画
    - 开场旁白引入

2. **Manus 介绍**（0:10～0:25）

    - 自主 AI 代理概念解释
    - 与传统 AI 助手的对比

3. **核心特点展示**（0:25～1:10）

    - 自主任务执行（0:25～0:35）
    - 多领域通用能力（0:35～0:45）
    - 多模型协作（0:45～0:55）
    - 持续学习与记忆（0:55～1:00）
    - 异步云端执行（1:00～1:10）

4. **应用场景**（1:10～1:35）

    - 金融分析场景（1:10～1:15）
    - 教育工作场景（1:15～1:20）
    - 市场营销场景（1:20～1:25）
    - 软件开发场景（1:25～1:30）
    - 个人助理场景（1:30～1:35）

5. **技术实力**（1:35～1:50）

    - GAIA 基准测试结果展示

    - 与其他 AI 模型的对比

6. **结语**（1:50～2:10）

    - Manus 未来影响力

    - 思考启发

7. **结束画面**（2:10～2:20）

    - 官方网站和联系方式

    - 感谢观看

视频资源整合

视觉元素

- 所有场景使用统一的色彩方案（科技蓝为主色调）
- 图标和文字采用无衬线现代字体
- 转场效果保持一致，使用平滑过渡
- 关键信息使用强调动画和高亮效果

音频元素

- 背景音乐：科技感轻音乐贯穿全片
- 旁白：专业、清晰的解说
- 转场音效：简短的过渡音效
- 强调音效：关键点出现时的提示音

编译注意事项

1. **节奏控制**

    - 开场简短有力

    - 核心内容节奏适中

    - 结尾舒缓留下印象

2. **信息层次**

    - 主要信息大字体显示

- 次要信息小字体补充
- 使用动画强调关键点

3. **视觉连贯性**
- 场景之间保持风格一致
- 色彩使用遵循风格指南
- 图标和插图风格统一

4. **叙事流畅性**
- 旁白与画面同步
- 逻辑过渡自然
- 内容由浅入深

最终输出规格

- **视频格式**：MP4
- **分辨率**：1 920×1 080（Full HD）
- **帧率**：30fps
- **时长**：约 2 分 20 秒
- **音频**：立体声，48kHz 采样率

可以看到，Manus 帮助我们输出了一个短视频所需要的所有内容，包括最基础的视频脚本，视频中的各种分镜场景设计，视频风格建议，相关所需元素以及后期剪辑过程中的注意事项甚至视频的制作与输出格式。

第 6 章 | CHAPTER

商业经营与研究决策领域中的 Manus 实践

在数字化商业竞争中，Manus 作为新一代 AI 生产力工具，正在重构商业经营领域的工作范式。它不仅能够自动执行重复性任务，更能通过深度洞察与策略优化，帮助企业在获客、增长、商业研究等维度建立系统性优势。

6.1 商业经营与研究决策领域中 Manus 的应用场景

在商业经营与研究决策领域，Manus 可以作为强大的决策支持工具，助力企业在复杂多变的市场环境中做出更明智、更具前瞻性的决策，以下是其具体应用场景。

1. 市场趋势预测与分析

商业决策离不开对市场趋势的精准把握。Manus 能够整合海量的市场数据，包括宏观经济指标、行业动态、消费者信心指数等，运用先进的数据分析算法和机器学习模型，预测未来市场的发展趋势。例如，一家汽车制造企业可以借助 Manus 分析全球汽车市场的销量变化、新能源汽车的市场份额增长趋势，以及不同地区消费者对汽车功能和设计偏好的演变，从而提前布局产品线，决定是加大电动汽车的研发投入还是优化传统燃油车的性能，确保企业的产品策略与市场趋势保持一致，避免因市场变化而错失发展机遇。

2. 客户需求洞察与产品优化

了解客户需求是企业成功的关键。Manus 可以通过分析客户反馈、社交媒体评论、在线调查以及购买行为数据，深入挖掘客户的真实需求和痛点。例如，一家软件公司可以利用 Manus 收集和分析用户对其软件产品的使用体验反馈，包括功能缺失、操作不便等方面的意见，据此优化软件界面设计、增加新功能模块，以提升用户体验，增强客户满意度和忠诚度。同时，Manus 还能帮助企业发现潜在的客户需求，为企业的产品创新提供方向，推动企业从满足现有需求向创造新需求转变，从而在竞争激烈的市场中脱颖而出。

3. 竞争情报收集与战略制定

在商业竞争中，知己知彼，方能百战不殆。Manus 能够广泛收集竞争对手的信息，包括产品特点、价格策略、市场份额、营销活动、专利申请等，通过对比分析，为企业提供全面的竞争对手画像。例如，一家电商企业可以借助 Manus 实时监测竞争对手的促销活动、新品上市情况以及客户评价，及时调整自身的营销策略和产品定价，制定出更具竞争力的产品战略，例如通过差异化的产品定位或更具吸引力的促销组合来吸引消费者，提升市场份额。

4. 风险评估与预警

商业经营过程中充满了各种风险，如市场风险、财务风险、政策风险等。Manus 可以构建风险评估模型，综合考虑内外部因素，对企业的风险状况进行实时监测和评估。例如，一家金融投资机构可以利用 Manus 分析宏观经济政策变化、市场利率波动、行业信用风险等因素对企业投资的影响，提前发出风险预警信号，帮助投资经理及时调整投资策略，降低潜在损失。同时，Manus 还能为企业提供风险应对方案建议，如风险规避、风险转移或风险控制等，帮助企业更好地应对各种风险挑战。

5. 项目可行性研究与决策支持

企业在开展新项目或投资决策时，需要进行充分的可行性研究。Manus 可以协助企业从技术、经济、市场等多个维度对项目进行评估。例如，一家科技企业计划开展一个新的技术研发项目，Manus 可以帮助分析该技术的成熟度、市场潜力、研发成本与预期收益，通过构建财务模型预测项目的投资回报率、净现值等关键指标，为企业决策层提供数据支持和决策依据，帮助他们判断项目是否值得投资，从而提高项目决策的科学性和准确性。

6. 供应链优化与管理

高效的供应链管理对于企业的成本控制和运营效率至关重要。Manus 可以分析供应链各环节的数据，包括原材料供应、生产进度、物流配送、库存水平等，识别潜在的瓶颈和优化点。例如，一家制造企业可以借助 Manus 优化生产计划，根据市场需求预测和库存情况合理安排生产任务，避免过度生产或缺货现象。同时，Manus 还能帮助该企业选择更优质的供应商，通过评估供应商的交货期、质量控制、价格稳定性等因素，降低采购成本，提高供应链的稳定性和可靠性。

7. 商业模式创新与探索

在快速变化的商业环境中，企业需要不断创新商业模式以适应新的市场需求和技术变革。Manus 可以基于对行业趋势、技术发展以及消费者行为变化的分析，为企业提供商业模式创新的思路和建议。例如，一家传统零售企业可以利用 Manus 探索线上与线下融合的新零售模式，分析如何通过数字化技术提升线下门店的购物体验，如引入智能导购、虚拟试衣等服务，同时优化线上销售渠道，实现线上与线下资源共享、优势互补，为企业创造新的增长点。

8. 企业战略规划与长期发展

企业的战略规划决定了其长期发展方向和目标。Manus 可以为企业提供宏观层面的市场洞察和行业分析，帮助企业明确自身的竞争优势和劣势，制定符合企业资源和能力的战略规划。例如，一家初创科技公司可以借助 Manus 分析所处行业的竞争格局和发展趋势，确定自身在产业链中的定位，是专注于核心技术研发、拓展市场份额还是寻求战略合作伙伴，通过科学合理的战略规划，引导企业稳步前行，实现可持续发展。

通过在商业经营与研究决策领域的广泛应用，Manus 能够为企业提供全方位的数据支持和智能分析，帮助企业提升决策效率和质量，增强市场竞争力，实现商业价值的最大化，成为企业在复杂商业环境中的得力助手。

6.2 商业经营与研究决策领域中 Manus 的指令案例

接下来我们将在具体的案例中演示如何在不同场景下使用 Manus 辅助商业经营与研究决策。

市场调研报告撰写是商业经营与研究决策领域的常见场景，我们可以这样撰写指令：

"我们公司计划进入智能家居市场，需要一份详细的市场调研报告。报告应包括智能家居市场的现状、规模、增长趋势、主要竞争对手分析、消费者需求和购买行为研究，以及未来市场的发展机会和挑战。报告长度约5 000字，语言应准确、客观、专业，数据来源可靠，引用需标注清楚。"

"撰写一份针对本地餐饮市场的调研报告。重点关注消费者对健康餐饮的偏好、不同年龄段和收入群体的消费习惯、本地餐饮品牌的优势与不足，以及新兴餐饮业态的发展情况。报告应包含图表、数据统计和案例分析，以增强说服力。"

基于上述指令，我们可以补充如下这些信息：

- 数据来源：指定数据来源渠道，如"请从行业协会报告、消费者调研机构数据以及本地商业新闻中获取信息"。
- 重点分析内容：明确重点分析的部分，如"重点分析竞争对手的营销策略和产品差异化"。
- 报告格式：要求报告格式规范，如"按照市场调研报告的标准格式撰写，包括目录、摘要、正文、结论和建议、参考文献等部分"。

商业计划书制订也是商业经营与研究决策领域的常见场景，我们可以这样撰写指令：

"为我们即将启动的新能源汽车共享项目制订一份商业计划书。内容应涵盖项目概述、市场分析、产品与服务介绍、营销策略、运营计划、财务规划和风险评估。目标是吸引投资者和合作伙伴，语言应简洁明了、逻辑清晰，数据和假设合理有据。"

"制订一份针对时尚电商领域的商业计划书。重点突出我们的差异化竞争优势，如个性化推荐系统、高品质商品供应链和独特的品牌定位。计划书应详细阐述如何在竞争激烈的市场中获取用户、提高用户留存率和实现盈利，同时考虑未来扩张的可能性。"

基于上述指令，我们可以补充如下这些信息：

- 财务数据预测：要求提供详细的财务数据预测，如"请提供未来 3 年的收入、成本、利润预测表，并说明预测的依据"。
- 风险应对措施：强调风险应对措施的重要性，如"详细列出可能面临的风险，并针对每种风险提出具体的应对策略"。
- 案例参考：提供类似成功案例作为参考，如"参考附件中的某知名电商商业计划书，但须结合我们的独特优势进行创新"。

产品定价策略分析也是商业经营与研究决策领域中一个非常实用的场景，我们可以这样撰写指令：

"我们公司新推出一款高端智能音箱，需要对其定价策略进行分析。请考虑产品的成本、目标市场、竞争对手定价、消费者心理预期等因素，提出合理的定价范围和定价策略建议。分析应包含数据支持和案例说明，语言应专业、严谨。"

"分析我们新开发的有机护肤品的定价策略。该产品定位高端，目标客户群体注重品质和环保。请综合考虑原材料成本、品牌价值、市场定位、竞争对手价格以及目标客户的支付意愿给出定价建议，并说明不同定价策略对市场份额和利润的影响。"

基于上述指令，我们可以补充如下这些信息：

- 成本分析：要求详细分析成本构成，如"详细列出产品生产、包装、运输、营销等各个环节的成本"。
- 竞争对手定价比较：提供竞争对手定价比较，如"对比同类型产品在不同销售渠道的定价，并分析其定价策略"。
- ❏ 价格弹性分析：进行价格弹性分析，如"分析目标客户群体对价格变化的敏感度，预测不同价格调整对销售量的影响"。

在客户满意度调查与分析场景中，Manus 同样可以成为好帮手，我们可以这样撰写指令：

"我们公司近期推出了一项新的在线客服服务，需要对客户满意度进行调查与分析。请设计一份调查问卷，包括问题设置、调查方式和样本选择。然后根据收集到的数据，分析客户满意度水平，找出存在的问题和改进方向。报告应包含数据统计图表和具体的改进建议。"

"对我们的实体店铺购物体验进行客户满意度调查与分析。重点关注店铺环境、商品陈列、服务质量、结账效率等方面。调查应涵盖不同时间段、不同门店的客户反馈，分析结果应能为店铺运营优化提供明确指导。"

基于上述指令，我们可以补充如下这些信息：
- ❏ 调查方法：明确调查方法，如"采用线上问卷和线下访谈相结合的方式进行调查"。
- ❏ 数据分析方法：指定数据分析方法，如"运用统计学方法对调查数据进行分析，如频率分析、相关性分析等"。
- ❏ 改进建议：要求给出具体的改进建议，如"根据分析结果，提出店铺环境优化、服务流程改进等具体措施"。

6.3　实践案例：云服务提供商的对比分析研究

本节我们通过一个完整的案例来演示 Manus 是如何用于商业经营与研究决策领域的，我们可以这样撰写指令：

"收集并比较 3 家领先云服务提供商——AWS、Microsoft Azure（简称

Azure）和 Google Cloud 的服务特点、定价模式、市场份额和客户评价。整合信息应形成一个结构化的比较框架，帮助企业用户做出选择。"

接下来是 Manus 的运行分析过程。

Manus 首先确认了任务需求，明确要比较 AWS、Azure 和 Google Cloud 这三家云服务提供商。它创建了一个任务清单，列出了需要收集的信息类别，包括服务特点、定价模式、市场份额和客户评价，并且分别浏览了 AWS、Azure 和 Google Cloud 的官方网站，收集了它们的服务特点和功能信息，包括计算、存储、数据库、网络和人工智能/机器学习（AI/ML）服务等。信息检索过程如图 6-1 所示。

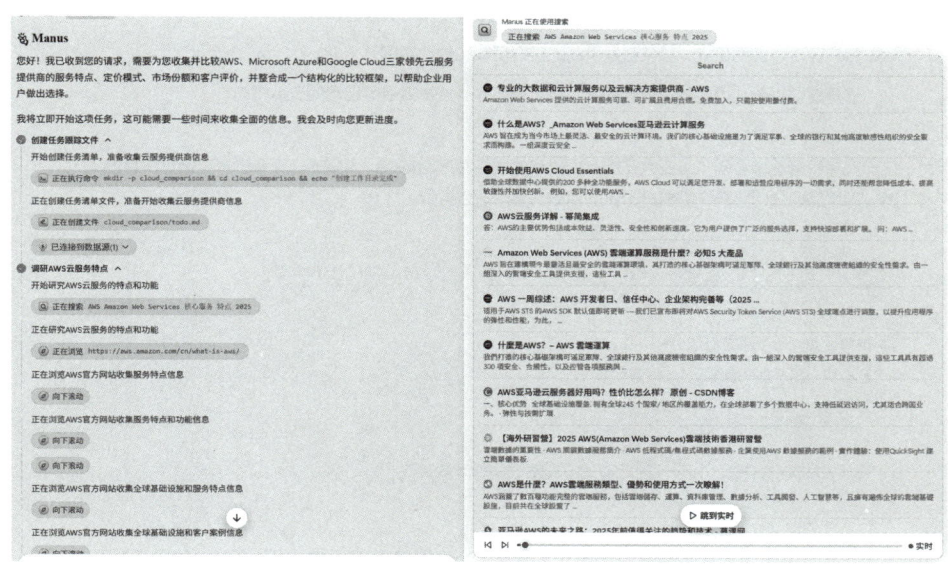

图 6-1　Manus 的信息检索过程

接下来，Manus 将收集到的信息整理成一个结构化的比较框架，该比较框架涵盖了服务特点、定价模式、市场份额和客户评价等多个维度。根据比较框架，Manus 编写了最终报告，报告内容包括执行摘要、核心服务比较、全球基础设施、定价模式、市场份额、客户评价和选择建议等。

Manus 的输出结果如图 6-2 所示。

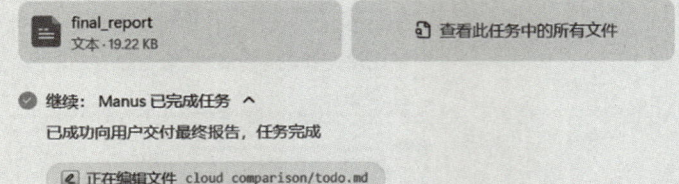

图 6-2　Manus 的输出结果

输出结果：

三大领先云服务提供商比较分析报告

执行摘要

本报告对三家领先的云服务提供商——亚马逊网络服务（AWS）、微软

Azure 和谷歌云平台（Google Cloud）进行了全面的比较分析。通过对服务特点、定价模式、市场份额和客户评价的深入研究，我们构建了一个结构化的比较框架，旨在帮助企业用户根据自身需求做出明智的选择。

研究发现，AWS 凭借其最广泛的服务组合和成熟的生态系统继续保持市场领导地位，占据全球公共云 IaaS 市场约 32% 的份额；Azure 凭借与 Microsoft 企业软件的无缝集成和强大的混合云能力位居第二，占据约 22% 的市场份额；Google Cloud 以其卓越的数据分析、AI 能力和网络性能位居第三，占据约 10% 的市场份额，但增长速度最快。

三家提供商各有其独特优势：AWS 提供最全面的服务和最广泛的全球覆盖；Azure 在企业集成和混合云部署方面表现卓越；Google Cloud 在数据分析、AI 和网络性能方面具有优势。在定价方面，三家提供商都采用按需付费模式，并提供多种折扣选项，但具体定价结构和优惠政策各不相同。

企业在选择云服务提供商时，应根据业务需求匹配度、技术兼容性、成本效益、合规性和安全性、支持和服务水平以及多云战略等因素进行综合评估。随着云计算市场的不断发展，定期评估和调整云战略也至关重要，以确保持续获得最佳价值和竞争优势。

1. 引言

1.1 研究背景与目的

云计算已成为现代企业 IT 基础设施的核心组成部分，为组织提供了灵活、可扩展和成本效益高的计算资源。在众多云服务提供商中，AWS、Microsoft Azure 和 Google Cloud 凭借其全面的服务组合、全球基础设施和持续创新，成为市场的主导力量。

本研究旨在对这三家领先的云服务提供商进行全面的比较分析，帮助企业了解各提供商的优势、劣势和适用场景，从而做出最能满足自身业务需求的明智选择。

1.2 研究方法与范围

本研究采用多种方法收集和分析数据，包括：

- 对三家云服务提供商官方文档和技术资料的深入研究
- 分析市场研究机构的最新报告和数据
- 收集和评估客户评价和案例研究
- 比较各提供商的服务特点、定价模式、市场份额和客户反馈

研究范围涵盖以下关键方面：

- 核心服务与技术架构
- 全球基础设施与区域覆盖
- 定价模式与成本优化
- 市场份额与增长趋势
- 客户评价与案例研究

2. 核心服务与技术架构比较

2.1 计算服务

AWS：

Amazon EC2 是 AWS 的核心计算服务，提供可调整容量的虚拟服务器。AWS 提供多种实例类型，包括通用型、计算优化型、内存优化型、存储优化型和加速计算型等。AWS Lambda 提供无服务器计算能力，允许用户运行代码而无须管理服务器。AWS Elastic Beanstalk 提供自动化部署和扩展服务，简化应用程序部署流程。

Azure：

Azure Virtual Machines 是 Azure 的核心计算服务，提供 Windows 和 Linux 虚拟机。Azure 还提供 Azure Functions（无服务器计算）、Azure App Service（PaaS 平台）和 Azure Kubernetes Service（容器编排）等服务。Azure 的计算服务与 Microsoft 的企业软件生态系统紧密集成，特别适合运行 Windows 工作负载和 .NET 应用程序。

Google Cloud：

Google Compute Engine 提供可扩展的虚拟机实例。Google Cloud Run 和

Cloud Functions 提供无服务器计算能力。Google Kubernetes Engine（GKE）是一个受管的 Kubernetes 服务，用于容器化应用程序的部署和管理。Google Cloud 的计算服务以其高性能网络和先进的自动扩缩能力而著称。

2.2 存储服务

** AWS **：

Amazon S3 提供对象存储，Amazon EBS 提供块存储，Amazon EFS 提供文件存储，Amazon Glacier 提供低成本归档存储。AWS Storage Gateway 提供混合云存储服务，连接本地环境与云存储。

** Azure **：

Azure Blob Storage 提供对象存储，Azure Disk Storage 提供块存储，Azure Files 提供文件存储，Azure Archive Storage 提供低成本归档存储。Azure StorSimple 提供混合云存储解决方案。

** Google Cloud **：

Google Cloud Storage 提供对象存储，Persistent Disk 提供块存储，Filestore 提供文件存储，Cloud Storage Archive 提供低成本归档存储。Google Cloud 还提供 Transfer Appliance 和 Transfer Service 等数据迁移工具。

2.3 数据库服务

** AWS **：

Amazon RDS 支持多种关系数据库引擎（MySQL、PostgreSQL、Oracle、SQL Server 等）。Amazon DynamoDB 提供 NoSQL 数据库服务。Amazon Redshift 提供数据仓库服务。Amazon ElastiCache 提供内存缓存服务。Amazon Neptune 提供图形数据库服务。

** Azure **：

Azure SQL Database 提供托管 SQL 服务。Azure Cosmos DB 是一个全球分布式多模型数据库服务，支持多种 API（SQL、MongoDB、Cassandra 等）。Azure Database for MySQL、PostgreSQL 和 MariaDB 提供开源数据库服务。Azure Synapse

Analytics 提供数据仓库和大数据分析服务。

Google Cloud：

Cloud SQL 提供托管的 MySQL、PostgreSQL 和 SQL Server 数据库服务。Cloud Spanner 是一个全球分布式关系数据库服务。Firestore 和 Bigtable 提供 NoSQL 数据库服务。BigQuery 是一个无服务器、高度可扩展的数据仓库服务。

2.4 网络服务

AWS：

Amazon VPC 允许用户在逻辑隔离的 AWS 云中启动资源。AWS Direct Connect 提供从本地环境到 AWS 的专用网络连接。Amazon Route 53 提供 DNS 服务。AWS Global Accelerator 提供全球网络加速服务。

Azure：

Azure Virtual Network 允许创建私有网络环境。Azure ExpressRoute 提供从本地环境到 Azure 的专用连接。Azure DNS 提供 DNS 服务。Azure Front Door 提供全球应用程序交付网络服务。

Google Cloud：

Virtual Private Cloud（VPC）允许创建私有网络环境。Cloud Interconnect 提供从本地环境到 Google Cloud 的专用连接。Cloud DNS 提供 DNS 服务。Cloud CDN 提供内容分发网络服务。

2.5 人工智能和机器学习服务

AWS：

Amazon SageMaker 提供构建、训练和部署机器学习模型的平台。AWS 提供多种 AI 服务，包括 Amazon Rekognition（图像和视频分析）、Amazon Comprehend（自然语言处理）、Amazon Lex（构建对话界面）和 Amazon Bedrock（生成式 AI 服务）等。

Azure：

Azure Machine Learning 提供端到端的机器学习平台。Azure Cognitive Services 提供预构建的 AI 能力，包括视觉、语言、语音和决策服务。Azure

OpenAI Service 提供对 OpenAI 模型的访问。Azure AI Studio 提供生成式 AI 开发环境。

Google Cloud：

Vertex AI 提供统一的机器学习平台。Google Cloud AI 提供多种预构建的 AI 服务，包括 Vision AI、Natural Language AI、Speech-to-Text 等。Google Cloud 还提供对其先进的 AI 模型（如 PaLM 2 和 Gemini）的访问。

3. 全球基础设施与区域覆盖

3.1 数据中心分布

AWS：

截至 2025 年，AWS 在全球拥有 32 个地理区域，102 个可用区，以及超过 400 个边缘站点。AWS 计划在未来几年内新增多个区域，包括马来西亚、墨西哥、新西兰和泰国等。

Azure：

截至 2025 年，Azure 在全球拥有 60 多个区域，超过 160 个可用区。Azure 的区域分布广泛，覆盖了北美、南美、欧洲、亚太、中东和非洲等地区。

Google Cloud：

截至 2025 年，Google Cloud 在全球拥有 35 个区域，106 个可用区，以及超过 187 个边缘网络位置。Google Cloud 继续扩展其全球足迹，特别是在亚太和欧洲地区。

3.2 区域特点与合规性

AWS：

AWS 的区域设计考虑了数据主权和合规性要求。AWS 提供专门的政府云区域（如 AWS GovCloud）和特定国家/地区的隔离区域，以满足严格的监管要求。

Azure：

Azure 提供专门的政府云服务（如 Azure Government、Azure China）和特定行业的合规解决方案。Azure 在合规认证方面表现强劲，特别是在政府和受监管行业。

Google Cloud：

Google Cloud 提供符合各种区域性法规的解决方案，包括 GDPR、HIPAA 等。Google Cloud 的区域设计注重性能和可靠性，利用 Google 的全球网络基础设施。

4. 定价模式与成本优化

4.1 基本定价结构

AWS：

AWS 采用按需付费模式，用户根据实际使用的资源付费，无须长期承诺。AWS 提供多种定价选项，包括按需实例、预留实例、Savings Plans 和竞价型实例。AWS 的定价结构复杂但灵活，允许用户根据工作负载选择最优的定价模式。

Azure：

Azure 同样采用按需付费模式，并提供多种折扣选项，包括预留实例、Azure 混合权益（允许用户将现有许可证带到云中）和开发/测试定价。Azure 的定价与 Microsoft 的企业协议集成，为现有 Microsoft 客户提供额外优势。

Google Cloud：

Google Cloud 提供按需付费模式和多种折扣选项，包括承诺使用折扣（CUD）、持续使用折扣（SUD）和竞价型虚拟机。Google Cloud 的定价模型相对简单，特别是其自动应用的持续使用折扣，无须预先承诺。

4.2 特殊定价计划与折扣

AWS：

- 预留实例：通过预先承诺 1 年或 3 年的使用期限，可获得高达 72% 的折扣
- Savings Plans：基于承诺的灵活定价模型，提供与预留实例类似的折扣
- 竞价型实例：利用 AWS 的备用容量，可获得高达 90% 的折扣
- 免费套餐：为新用户提供 12 个月的免费套餐，包括多种服务的有限使用量

Azure：

- 预留实例：通过预先承诺1年或3年的使用期限，可获得高达72%的折扣

- Azure 混合权益：允许用户将现有的 Windows Server 和 SQL Server 许可证带到 Azure，节省高达40%的成本

- 开发/测试定价：为开发和测试环境提供折扣价格

- 免费账户：提供12个月的热门服务免费使用资格和25种以上永久免费服务

Google Cloud：

- 承诺使用折扣：通过承诺1年或3年的最低支出，可获得高达57%的折扣

- 持续使用折扣：自动应用于每月使用时间超过25%的资源，无须预先承诺

- 竞价型虚拟机：利用 Google Cloud 的备用容量，可获得高达91%的折扣

- 免费套餐：提供90天内300美元的免费额度和20多种永久免费服务

4.3 成本管理工具

AWS：

AWS Cost Explorer 提供成本分析和可视化工具。AWS Budgets 允许设置预算和警报。AWS Trusted Advisor 提供成本优化建议。AWS 还提供 AWS Cost and Usage Report 和 AWS Cost Anomaly Detection 等高级成本管理工具。

Azure：

Azure Cost Management 提供成本分析、预算和警报功能。Azure Advisor 提供成本优化建议。Azure 还提供 Azure Pricing Calculator 和 Total Cost of Ownership（TCO）Calculator 等规划工具。

Google Cloud：

Google Cloud 提供 Cost Management 工具，包括成本分析、预算和警报功

能。Recommender 提供成本优化建议。Google Cloud 还提供 Pricing Calculator 和 TCO 计算器等规划工具。

5. 市场份额与增长趋势

5.1 全球市场份额

根据 2025 年最新数据，全球公共云服务市场份额分布如下：

** AWS **：

AWS 继续保持市场领导地位，占据全球公共云 IaaS 市场约 32% 的份额。尽管面临激烈竞争，AWS 的市场份额相对稳定，年增长率保持在约 25% ～ 30%。

** Azure **：

Microsoft Azure 位居第二，占据全球公共云 IaaS 市场约 22% 的份额。Azure 的市场份额持续增长，年增长率约为 35% ～ 40%，增速高于 AWS。

** Google Cloud **：

Google Cloud 位居第三，占据全球公共云 IaaS 市场约 10% 的份额。Google Cloud 的市场份额稳步增长，年增长率约为 40% ～ 45%，是三大云服务提供商中增速最快的。

5.2 区域市场表现

** 北美市场 **：

AWS 在北美市场占据主导地位，但 Azure 凭借其与 Microsoft 企业软件的集成优势，在企业市场取得显著进展。Google Cloud 在北美的创新型科技公司和初创企业中表现强劲。

** 欧洲市场 **：

由于数据主权和 GDPR 合规性要求，欧洲市场呈现更加分散的格局。AWS 和 Azure 在欧洲市场份额相对接近，而 Google Cloud 通过扩展其欧洲数据中心网络，正在缩小差距。

** 亚太市场 **：

在亚太市场，AWS 保持领先地位，但面临来自阿里云等区域性云服务提供商的强烈竞争。Azure 在日本和澳大利亚等市场表现强劲，而 Google Cloud 在印度和东南亚地区增长迅速。

5.3 行业垂直领域市场份额

金融服务：

AWS 在金融服务领域占据领先地位，特别是在金融科技和数字银行领域。Azure 凭借其企业安全性和合规性优势，在传统银行和保险公司中表现强劲。Google Cloud 通过其高级分析和 AI 能力，在风险管理和欺诈检测应用中获得市场份额。

医疗保健：

Azure 在医疗保健领域占据领先地位，其 HIPAA 合规解决方案和与医疗信息系统的集成是主要优势。AWS 在生物技术和医疗研究领域表现强劲。Google Cloud 通过其医疗 AI 解决方案，特别是在医学影像分析领域，正在扩大市场份额。

制造业：

AWS 和 Azure 在制造业领域市场份额相近，AWS 在工业物联网（IoT）和预测性维护方面具有优势，而 Azure 在企业资源规划（ERP）集成方面表现更佳。Google Cloud 通过其供应链优化和质量控制 AI 解决方案，正在制造业领域取得进展。

6. 客户评价与案例研究

6.1 AWS 客户评价

AWS 客户普遍强调其服务的可靠性、可扩展性和功能丰富性。客户特别赞赏 AWS 的创新速度和服务多样性，使其能够满足各种复杂的业务需求。

成功案例：

- TVCMALL：在 1 个月内完成 AI 智能商品翻译方案的开发和上线
- PayerMax：通过混沌工程实现 99.99% 的系统可用率
- Peak3：利用 Serverless 数据库提升业务效率，为客户累计产生 10 亿张保单

- WirelessCar：接入 1 400 万辆汽车，构建高弹性、低成本的车联网服务

6.2 Azure 客户评价

Azure 客户强调其与 Microsoft 企业软件的无缝集成，以及其在混合云部署方面的优势。企业客户特别欣赏 Azure 的安全性、合规性和企业级支持。

成功案例：

- Siemens Gamesa：通过 Microsoft 咨询服务推动业务增长并培养数据驱动的思维方式
- 医疗保健组织：通过改进患者参与度、提供商协作和运营来提高医疗能力
- 金融机构：利用 Azure 转变客户体验、建立信任并优化风险管理
- 制造商：在云中创新，推动业务转型并跟上客户需求

6.3 Google Cloud 客户评价

Google Cloud 客户强调其数据分析和 AI/ML 能力的优势，以及其网络性能和创新技术。客户特别赞赏 Google Cloud 的开源友好性和技术前瞻性。

成功案例：

- 美国空军：利用 Vertex AI 初步革新其手动流程
- 美国国家癌症研究所：通过快速、安全的数据共享支持乳腺癌研究
- NASA 西部水资源管理办事处：利用地理空间 AI 为应对气候变化做好准备
- 美国林务局：使用 Google Cloud 工具分析不断变化的地球

7. 选择建议框架

企业在选择云服务提供商时，应考虑以下关键因素：

7.1 业务需求匹配度

适合选择 AWS 的情况：

- 需要最广泛的服务选择和最成熟的云生态系统
- 对可用性和可靠性有严格要求
- 需要全球范围内的广泛部署

- 适合各种规模的企业，从初创公司到大型企业

适合选择 Azure 的情况：

- 已经大量投资 Microsoft 技术栈（如 Windows Server、SQL Server、Active Directory 等）
- 需要强大的混合云能力
- 对企业级支持和合规性有高要求
- 适合中大型企业，特别是传统行业

适合选择 Google Cloud 的情况：

- 数据分析、机器学习和 AI 是核心业务需求
- 重视网络性能和全球连接性
- 偏好开源技术和现代化架构
- 适合技术驱动型企业和创新型组织

7.2 技术兼容性

评估现有技术栈与各云服务提供商的兼容性，包括操作系统、数据库、开发工具和框架等。考虑迁移的复杂性和所需的技术调整。

7.3 成本效益分析

根据具体工作负载特性和使用模式，评估各提供商的总体拥有成本（TCO）。考虑直接成本（如计算、存储、网络费用）和间接成本（如管理开销、培训成本、迁移成本等）。

7.4 合规性和安全性

评估各提供商的安全控制、合规认证和数据保护能力，确保符合行业法规和内部安全政策。

7.5 支持和服务水平

评估各提供商的技术支持质量、响应时间和服务水平协议（SLA），确保能够获得所需的支持级别。

7.6 多云和混合云策略

考虑采用多云或混合云策略的可行性和优势，以避免供应商锁定并优化不

同工作负载的部署。

8. 结论与建议

8.1 综合评估

AWS、Microsoft Azure 和 Google Cloud 各有其独特优势和适用场景：

- **AWS** 提供最广泛的服务和最成熟的生态系统，适合需要全面云服务和全球部署的企业。

- **Azure** 在企业集成和混合云方面表现卓越，特别适合已投资 Microsoft 技术的组织。

- **Google Cloud** 在数据分析、AI 和网络性能方面具有优势，适合数据驱动型和创新型企业。

8.2 选择策略建议

1. **基于业务需求的选择**：根据业务目标、技术要求和预算约束，选择最匹配的云服务提供商。

2. **多云策略**：考虑采用多云策略，利用不同提供商的优势，避免供应商锁定，提高弹性和议价能力。

3. **混合云方法**：对于有大量本地投资的企业，混合云方法可能是最佳选择，允许逐步迁移到云环境。

4. **专业化服务考量**：根据特定工作负载需求（如 AI/ML、大数据分析、IoT 等）选择专长于这些领域的提供商。

5. **定期评估**：云服务市场快速发展，定期评估云战略和提供商选择，确保持续获得最佳价值和竞争优势。

8.3 未来展望

随着云计算技术的不断发展，我们预计未来几年将出现以下趋势：

1. **AI 和机器学习集成加深**：云服务提供商将进一步整合 AI 和机器学习能力，使其更易于企业采用和部署。

2. **边缘计算扩展**：云服务将扩展到边缘位置，支持低延迟应用和物联网场景。

3. **行业特定解决方案增加**：提供商将开发更多针对特定行业的解决方案，满足垂直领域的独特需求。

4. **可持续性成为关键考量**：云服务提供商将更加注重环境可持续性，提供更节能和环保的解决方案。

5. **安全和合规性要求提高**：随着网络威胁的增加和监管要求的加强，云安全和合规性将成为更重要的选择因素。

企业应根据自身的业务需求、技术兼容性、成本考量、安全合规要求和长期战略，选择最适合的云服务提供商或组合。通过明智的选择和有效的云战略，企业可以充分利用云计算的优势，推动业务创新和增长。

参考资料

1. AWS 官方文档：https://aws.amazon.com/cn
2. Microsoft Azure 官方文档：https://azure.microsoft.com/zh-cn
3. Google Cloud 官方文档：https://cloud.google.com/?hl=zh-cn
4. 各云服务提供商的客户案例研究和成功故事
5. 市场研究报告和行业分析

第 7 章 CHAPTER
个人生活领域中的 Manus 实践

在个人生活领域，Manus 可以作为智能生活助手、决策支持伙伴和效率提升工具，帮助用户优化日常决策、提升生活品质并实现个人目标。

7.1 个人生活领域中 Manus 的应用场景

1. 日常事务管理

在快节奏的生活中，合理安排日常事务至关重要。Manus 可以协助制订待办事项清单、行程安排和重要事项提醒。例如，一位上班族可以使用 Manus 生成每日待办清单，包括工作任务、生活琐事等，并根据实际完成情况进行调整。

2. 健康与健身

保持健康的生活方式是现代人关注的重点。Manus 可以提供健康饮食建议、健身计划制订和健康习惯养成方面的帮助。例如，一位想要改善饮食和开始健身的人，可以使用 Manus 根据个人口味和身体状况生成健康饮食计划，包括每日三餐的食谱和注意事项。同时，Manus 还能根据个人健身目标和身体条件，制订合理的健身计划，包括锻炼项目、频率和强度等。

3. 财务管理

个人财务管理对于实现财务自由和稳定生活至关重要。Manus 可以协助制订预算、跟踪支出、分析消费习惯和提供投资建议。例如，一个小家庭可以使用 Manus 分析家庭的月度支出情况，识别不必要的消费项目，制订合理的预算计划，并根据家庭的财务状况和风险承受能力，提供适合的投资建议，帮助家庭实现资产的保值增值。

4. 社交与娱乐

丰富的社交和娱乐活动是提升生活质量的重要因素。Manus 可以推荐社交活动、协助安排聚会和提供娱乐选择建议。例如，一位大学生可以使用 Manus 根据自己的兴趣爱好和时间安排，推荐适合参加的社交活动，如社团活动、讲座等。同时，Manus 还能协助安排聚会的场地、时间、参与人员等细节，并根据个人喜好提供电影、音乐、旅游等娱乐选择的建议。

通过这些应用，Manus 可以成为个人生活中不可或缺的好帮手，让生活更加有序、健康、丰富多彩，同时提升个人的自我管理和成长能力。

7.2 个人生活领域中 Manus 的指令案例

以下是几个具体场景下的指令案例，展示如何利用 Manus 来辅助个人生活。

在日常事务管理方面，最常见的用途就是制订个人时间计划。Manus 可以帮助用户制订每日、每周或每月的计划，确保时间得到合理分配。我们可以这样撰写指令：

"为我制订一个高效的每日时间表。我是一名自由职业者，主要工作内容包括写作、客户沟通和项目管理。我希望每天有 2 小时的专注写作时间，1 小时的客户沟通时间，以及 1 小时的项目规划时间。同时，我需要安排 30 分钟的锻炼时间和 1 小时的休闲时间。请确保时间表合理，避免过度疲劳。"

基于上述指令，我们可以补充如下这些信息：
- 优先级："请优先安排写作时间，并确保在精力最充沛的早晨完成。"
- 休息间隔："每工作 1 小时后，请安排 5 ~ 10 分钟的短暂休息。"
- 灵活性："时间表应具有一定的灵活性，允许我在紧急情况下调整任务顺序。"

在健康与健身方面，Manus 可以帮助用户制订健康饮食和健身计划，确保身体健康。我们可以这样撰写指令：

"为我制订一个为期 4 周的健身计划。我是一名办公室职员，目标是减脂和增强核心力量。我每周有 3 次健身时间，每次约 1 小时。请包括具体的锻炼动作、组数、次数以及每周的饮食建议（低卡路里、高蛋白）。"

基于上述指令，我们可以补充如下这些信息：
- 锻炼类型："请优先安排有氧运动和力量训练的结合。"
- 饮食偏好："我偏好素食，请根据这一偏好提供饮食建议。"
- 进度跟踪："每周结束时，请提供一份体重和体脂率的变化报告，帮助我评估效果。"

在个人财务管理方面，Manus 可以帮助用户制订预算、跟踪支出并规划储蓄目标。我们可以这样撰写指令：

"为我制订一个每月的个人预算计划。我的月收入为 8 000 元，固定支出包括房租 3 000 元、交通费 500 元、餐饮费 1 500 元。我希望每月储蓄 2 000 元，剩余用于娱乐和其他开支。请帮助我合理分配剩余资金，并提供一个支出跟踪表。"

基于上述指令，我们可以补充如下这些信息：
- 储蓄目标："请将储蓄目标细分为短期（3 个月）和长期（1 年）目标。"
- 支出类别："请将娱乐和其他开支进一步细分为电影、购物、旅行等类别。"
- 节省建议："请提供一些节省开支的建议，如减少点外卖的次数或使用公共交通。"

在社交与娱乐方面，Manus 可以帮助用户规划旅行行程，确保旅行顺利且充实。我们可以这样撰写指令：

"为我规划一个为期 5 天的日本东京旅行行程。我对文化、美食和购物感兴趣。请包括每天的景点推荐、餐厅建议、交通方式以及预算分配（中等预算）。"

基于上述指令，我们可以补充如下这些信息：
- 文化体验："请安排至少两个传统文化体验活动，如茶道或和服体验。"
- 美食推荐："请推荐当地的特色餐厅，尤其是寿司和拉面店。"
- 交通方式："请详细说明如何使用东京的地铁系统，并提供每日的交通卡预算。"

通过以上案例，可以看出 Manus 在个人生活领域的广泛应用。用户只需提供清晰的需求和细节，Manus 便能生成高效、个性化的解决方案，帮助用户更好地管理生活、提升自我。

7.3　实践案例：计算中国的育儿成本

我们用一个具体的实际案例，让 Manus 帮助我们分析和统计每位家长都比较关心的话题：在中国养一个小孩要花多少钱？

指令：

"请提供在中国养育一个孩子到大学的主要成本构成，包含教育支出、生活开支和隐性成本（如父母误工费），以上海、武汉和全国平均值为例，用表格列出关键数据。"

对于我们的要求，Manus 首先开始搜索和收集相关的数据。这个过程分为几个阶段：
- 总体成本数据：收集养育子女的总体成本数据。

- 各阶段详细数据：深入收集从怀孕到孩子成年的各个阶段的详细成本数据，包括怀孕和分娩、婴幼儿阶段、教育阶段、医疗保健和保险费用等。

在收集到足够的数据后，Manus 对这些数据进行了整理和分析，确保数据的准确性和完整性，并根据整理好的数据，编制了详细的成本表格，并创建了最终的报告，将研究结果呈现出来，如图 7-1 和图 7-2 所示。

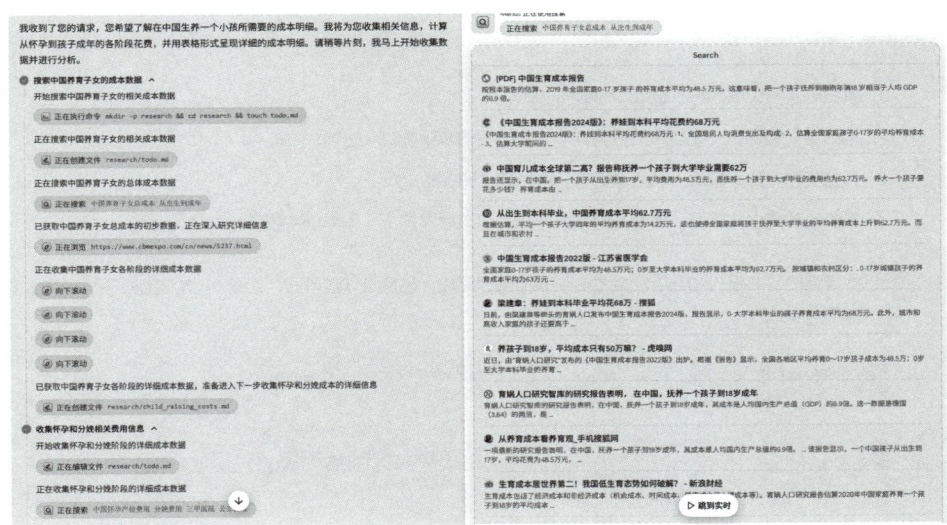

图 7-1　Manus 的信息检索过程

输出结果：

中国养育小孩成本分析报告

摘要

本报告通过广泛的数据收集和分析，全面呈现了在中国从怀孕到子女大学毕业（约 22.75 年）的完整养育成本。报告按照不同年龄阶段、不同消费水平和不同地区进行了详细分类，并区分了必要支出和可选支出，为家庭规划提供参考依据。

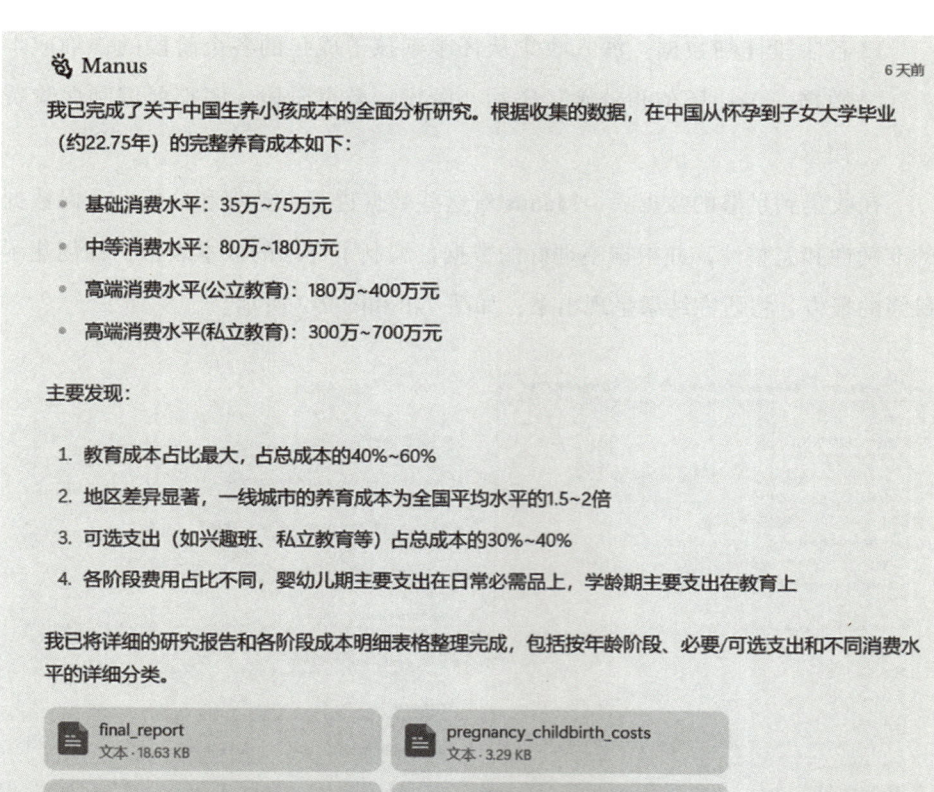

图 7-2　Manus 的输出结果

研究结果显示，在中国养育一个孩子从怀孕到大学毕业的总成本约为：

- 基础消费水平：35 万～75 万元

- 中等消费水平：80 万～180 万元

- 高端消费水平（公立教育）：180 万～400 万元

- 高端消费水平（私立教育）：300 万～700 万元

一、研究背景与方法

研究背景

随着中国经济的发展和生活水平的提高，养育子女的成本也在不断上升。了解养育子女的具体成本构成，对于家庭规划和社会政策制定都具有重要意义。本研究旨在通过系统收集和分析数据，为中国家庭提供养育子女成本的参考依据。

研究方法

本研究通过以下方法收集和分析数据：

1. 文献研究：收集和分析已有的研究报告和统计数据

2. 网络调研：搜集各类消费品价格和服务费用

3. 比较分析：对比不同地区、不同消费水平的养育成本差异

4. 分类汇总：按年龄阶段、必要/可选支出进行分类汇总

消费水平定义

- **基础消费水平**：满足基本需求的支出，主要使用公立教育和基本医疗服务

- **中等消费水平**：城市中产家庭的平均支出，部分使用私立教育和商业医疗服务

- **高端消费水平**：高收入家庭的支出，主要使用私立/国际教育和高端医疗服务

二、孕期与分娩阶段（0岁）

1. 产前检查费用

（1）公立医院

1）**基础检查套餐**：2 000～3 000元

  - 包含基本的B超、血常规、尿常规等检查

  - 一般在社区医院或二级医院进行

2）**中等检查套餐**：5 000～8 000元

  - 包含更全面的检查项目，如唐氏筛查、糖耐量等

  - 一般在三级医院进行

3）**高端检查套餐**：15 000～30 000元

  - 包含全面的检查项目，如无创DNA、四维彩超等

  - 在三甲医院或私立医院VIP部进行

（2）私立医院/国际医院

- **基础套餐**：8 000～15 000元

- **全面套餐**：20 000～40 000元

- **高端定制套餐**：50 000～100 000元

2. 分娩费用

（1）自然分娩

1）**公立医院**：

- 基础：5 000～8 000元（二级医院）

- 中等：10 000～15 000元（三级医院）

- 高端：20 000～30 000元（三甲医院特需部）

2）**私立/国际医院**：

- 基础套餐：30 000～50 000元

- 高端套餐：50 000～100 000元

（2）剖宫产

1）**公立医院**：

- 基础：8 000～12 000元（二级医院）

- 中等：15 000～25 000元（三级医院）

- 高端：25 000～40 000元（三甲医院特需部）

2）- **私立/国际医院**：

- 基础套餐：40 000～80 000元

- 高端套餐：80 000～150 000元

3. 待产用品

- **基础消费**：3 000～5 000元

- **中等消费**：8 000～15 000元

- **高端消费**：20 000～50 000元

4. 孕期总成本

- **基础消费水平**：10 000～20 000元

- **中等消费水平**：23 000～48 000元
- **高端消费水平**：65 000～160 000元

三、婴幼儿阶段（0～3岁）

1. 日常必需品

（1）奶粉

- **国产奶粉**：50～150元/罐，月均300～900元，3年总计10 800～32 400元
- **进口普通奶粉**：200～300元/罐，月均1 200～1 800元，3年总计43 200～64 800元
- **进口高端奶粉**：300～500元/罐，月均1 800～3 000元，3年总计64 800～108 000元

（2）尿布

- **国产尿布**：0.8～1.5元/片，月均240～450元，3年总计（逐渐减少使用）6 000～11 000元
- **进口普通尿布**：1.5～2.5元/片，月均450～750元，3年总计11 000～18 000元
- **进口高端尿布**：2.5～4元/片，月均750～1 200元，3年总计18 000～29 000元

（3）婴儿日用品

- **基础消费**：6 000～10 000元（3年）
- **中等消费**：15 000～25 000元（3年）
- **高端消费**：30 000～60 000元（3年）

2. 服装与玩具

（1）服装

- **基础消费**：3 600～6 000元（3年）
- **中等消费**：6 000～12 000元（3年）
- **高端消费**：12 000～36 000元（3年）

（2）玩具和图书

- **基础消费**：2 400～4 500元（3年）
- **中等消费**：4 500～9 000元（3年）
- **高端消费**：9 000～21 000元（3年）

3. 早教与托育

（1）早教/亲子班

- **基础消费**：100～200元/次，2 000～4 000元/年，3年总计6 000～12 000元
- **中等消费**：200～500元/次，5 000～10 000元/年，3年总计15 000～30 000元
- **高端消费**：500～1 000元/次，12 000～24 000元/年，3年总计36 000～72 000元

（2）托育中心/保姆

- **基础消费**（社区托育）：1 500～3 000元/月，年均18 000～36 000元
- **中等消费**（私立托育）：3 000～6 000元/月，年均36 000～72 000元
- **高端消费**（高端托育或全职保姆）：6 000～12 000元/月，年均72 000～144 000元

4. 医疗保健

- **基础消费**：3 000～6 000元（3年）
- **中等消费**：6 000～12 000元（3年）
- **高端消费**：15 000～30 000元（3年）

5. 婴幼儿阶段总成本

- **基础消费水平**：47 000～74 500元
- **中等消费水平**：91 500～148 000元
- **高端消费水平**：171 000～315 000元

四、学前教育阶段（3～6岁）

1. 幼儿园教育

（1）公立幼儿园

- **普通公立幼儿园**：300～800元/月，年均3 600～9 600元，3年总计10 800～28 800元

（2）私立幼儿园

- **普通私立幼儿园**：1 000～3 600元/月，年均12 000～43 200元，3年总计36 000～129 600元

- **高端/国际幼儿园**：5 000～8 000元/月，年均60 000～96 000元，3年总计180 000～288 000元

2.服装与玩具和图书

（1）服装

- **基础消费**：4 800～7 200元（3年）

- **中等消费**：7 200～14 400元（3年）

- **高端消费**：14 400～42 000元（3年）

（2）玩具和图书

- **基础消费**：3 000～6 000元（3年）

- **中等消费**：6 000～12 000元（3年）

- **高端消费**：12 000～27 000元（3年）

3.兴趣班与课外活动

- **基础消费**：9 000～18 000元（3年）

- **中等消费**：24 000～45 000元（3年）

- **高端消费**：60 000～120 000元（3年）

4.医疗保健

- **基础消费**：3 000～6 000元（3年）

- **中等消费**：6 000～12 000元（3年）

- **高端消费**：15 000～30 000元（3年）

5.学前教育阶段总成本

- **基础消费水平**：30 600～66 000元

- **中等消费水平**：79 200～213 000元
- **高端消费水平**：281 400～507 000元

五、义务教育阶段（6～15岁）

1. 小学阶段（6～12岁）

（1）学校教育

1）**公立小学**：免费（九年义务教育），杂费500～1 000元/年，6年总计3 000～6 000元

2）**民办/私立小学**：

- 普通民办：约7 367元/年，6年总计约44 202元
- 高端私立：20 000～50 000元/年，6年总计120 000～300 000元
- 顶级国际学校：约35万元/年，6年总计约210万元

（2）课外辅导

- **基础消费**：2 000～6 000元/年，6年总计12 000～36 000元
- **中等消费**：12 000～36 000元/年，6年总计72 000～216 000元
- **高端消费**：20 000～50 000元/年，6年总计120 000～300 000元

（3）服装与玩具和图书

1）**服装**：

- 基础消费：12 000～19 200元（6年）
- 中等消费：19 200～36 000元（6年）
- 高端消费：36 000～96 000元（6年）

2）**玩具和图书**：

- 基础消费：7 800～15 000元（6年）
- 中等消费：15 000～30 000元（6年）
- 高端消费：30 000～72 000元（6年）

（4）兴趣班与课外活动

- **基础消费**：24 000～48 000元（6年）
- **中等消费**：60 000～120 000元（6年）

- **高端消费**：150 000～300 000 元（6 年）

（5）医疗保健

- **基础消费**：6 000～12 000 元（6 年）
- **中等消费**：12 000～24 000 元（6 年）
- **高端消费**：30 000～60 000 元（6 年）

（6）小学阶段总成本

1）**公立教育**：

- 基础消费水平：78 306～146 706 元
- 中等消费水平：194 706～442 506 元
- 高端消费水平：382 506～844 506 元

2）**私立教育**：

- 中等消费水平：222 402～726 000 元
- 高端消费水平：约 256 万元

2. 初中阶段（12～15 岁）

（1）学校教育

1）**公立初中**：免费（九年义务教育），杂费 500～1 500 元/年，3 年总计 1 500～4 500 元

2）**民办/私立初中**：

- 普通民办：约 13 000 元/年，3 年总计约 39 000 元
- 高端私立：30 000～80 000 元/年，3 年总计 90 000～240 000 元
- 顶级国际学校：约 50 万元/年，3 年总计约 150 万元

（2）课外辅导

- **基础消费**：5 000～15 000 元/年，3 年总计 15 000～45 000 元
- **中等消费**：15 000～45 000 元/年，3 年总计 45 000～135 000 元
- **高端消费**：50 000～100 000 元/年，3 年总计 150 000～300 000 元

（3）服装与图书

1）**服装**：

- 基础消费：7 200～12 000元（3年）

- 中等消费：12 000～24 000元（3年）

- 高端消费：24 000～60 000元（3年）

2）**图书和电子产品**：

- 基础消费：4 800～9 600元（3年）

- 中等消费：9 600～22 500元（3年）

- 高端消费：22 500～60 000元（3年）

（4）兴趣班与课外活动

- **基础消费**：15 000～30 000元（3年）

- **中等消费**：45 000～90 000元（3年）

- **高端消费**：120 000～240 000元（3年）

（5）医疗保健

- **基础消费**：3 000～6 000元（3年）

- **中等消费**：6 000～12 000元（3年）

- **高端消费**：15 000～30 000元（3年）

（6）初中阶段总成本

1）**公立教育**：

- 基础消费水平：54 573～112 173元

- 中等消费水平：127 173～293 073元

- 高端消费水平：341 073～699 573元

2）**私立教育**：

- 中等消费水平：156 600～523 500元

- 高端消费水平：约181万元

六、高中教育阶段（15～18岁）

1.学校教育

1）**公立高中**：5 000～8 000元/年（学费）+ 1 000～2 000元/年（住宿费），3年总计18 000～30 000元

2）**私立/民办高中**：

- 普通私立：7 000～20 000 元/年，3 年总计 21 000～60 000 元

- 高端私立：20 000～60 000 元/年，3 年总计 60 000～180 000 元

- 国际课程：100 000～200 000 元/年，3 年总计 300 000～600 000 元

2. 课外辅导

- **基础消费**：5 000～15 000 元/年，3 年总计 15 000～45 000 元

- **中等消费**：15 000～45 000 元/年，3 年总计 45 000～135 000 元

- **高端消费**：50 000～100 000 元/年，3 年总计 150 000～300 000 元

3. 服装与图书

1）**服装**：

- 基础消费：7 200～12 000 元（3 年）

- 中等消费：12 000～24 000 元（3 年）

- 高端消费：24 000～60 000 元（3 年）

2）**图书和电子产品**：

- 基础消费：4 800～9 600 元（3 年）

- 中等消费：9 600～22 500 元（3 年）

- 高端消费：22 500～60 000 元（3 年）

4. 兴趣班与课外活动

- **基础消费**：15 000～30 000 元（3 年）

- **中等消费**：45 000～90 000 元（3 年）

- **高端消费**：120 000～240 000 元（3 年）

5. 医疗保健

- **基础消费**：3 000～6 000 元（3 年）

- **中等消费**：6 000～12 000 元（3 年）

- **高端消费**：15 000～30 000 元（3 年）

6. 高中阶段总成本

1）**公立教育**：

— 基础消费水平：64 746～122 346 元

— 中等消费水平：137 346～303 246 元

— 高端消费水平：351 246～709 746 元

2）**私立教育**：

— 中等消费水平：138 600～463 500 元

— 高端消费水平：631 500～1 290 000 元

七、大学教育阶段（18～22 岁）

1. 学校教育

1）**公立大学**：

— 普通专业：4 000～6 000 元/年（学费）+800～1 500 元/年（住宿费），4 年总计 19 200～30 000 元

— 热门专业：8 000～10 000 元/年（学费）+800～1 500 元/年（住宿费），4 年总计 35 200～46 000 元

— 特殊专业：10 000～30 000 元/年（学费）+800～1 500 元/年（住宿费），4 年总计 43 200～126 000 元

2）**民办/私立大学**：

— 学费：12 000～20 000 元/年，4 年总计 48 000～80 000 元

— 住宿费：1 500～3 000 元/年，4 年总计 6 000～12 000 元

3）**中外合作办学**：

— 学费：40 000～100 000 元/年，4 年总计 160 000～400 000 元

— 住宿费：3 000～8 000 元/年，4 年总计 12 000～32 000 元

2. 生活费

— **基础消费**：1 000～2 000 元/月，年均 12 000～24 000 元，4 年总计 48 000～96 000 元

— **中等消费**：1 500～3 000 元/月，年均 18 000～36 000 元，4 年总计 72 000～144 000 元

— **高端消费**：3 000～5 000 元/月，年均 36 000～60 000 元，4 年

总计 144 000～240 000 元

3. 服装与图书

1）**服装**：

- 基础消费：9 600～16 000 元（4 年）
- 中等消费：16 000～32 000 元（4 年）
- 高端消费：32 000～80 000 元（4 年）

2）**图书和电子产品**：

- 基础消费：6 400～12 800 元（4 年）
- 中等消费：12 800～30 000 元（4 年）
- 高端消费：30 000～80 000 元（4 年）

4. 兴趣爱好

- **基础消费**：8 000～16 000 元（4 年）
- **中等消费**：16 000～40 000 元（4 年）
- **高端消费**：40 000～120 000 元（4 年）

5. 医疗保健

- **基础消费**：4 000～8 000 元（4 年）
- **中等消费**：8 000～16 000 元（4 年）
- **高端消费**：16 000～32 000 元（4 年）

6. 大学阶段总成本

- **基础消费水平**：99 200～178 800 元
- **中等消费水平**：162 800～314 000 元
- **高端消费水平**：314 000～704 000 元

八、城市差异分析

1. 城市分级与费用系数

城市类型	费用系数	说明
一线城市（北京、上海、广州、深圳）	1.5～2.0	费用普遍高于全国平均

水平 50%～100% |

| 新一线城市（杭州、南京、成都等）| 1.2～1.5 | 费用高于全国平均水平 20%～50% |

| 二线城市 | 1.0～1.2 | 接近全国平均水平 |

| 三、四线城市 | 0.7～1.0 | 低于全国平均水平 0%～30% |

| 县城和农村地区 | 0.5～0.7 | 低于全国平均水平 30%～50% |

2. 主要城市养育成本比较（中等消费水平）

城市	从怀孕到大学毕业总成本	相对全国平均水平
北京	120万～270万元	高出 50%～80%
上海	120万～270万元	高出 50%～80%
广州	110万～250万元	高出 40%～70%
深圳	110万～250万元	高出 40%～70%
杭州	100万～230万元	高出 30%～60%
南京	100万～230万元	高出 30%～60%
成都	90万～210万元	高出 20%～50%
武汉	90万～210万元	高出 20%～50%
西安	80万～190万元	高出 10%～40%
郑州	80万～190万元	高出 10%～40%
三、四线城市	60万～150万元	低于 10%～30%
县城和农村	40万～120万元	低于 30%～50%

九、总成本分析

1. 从怀孕到大学毕业的总成本（22.75 年）

消费水平	必要支出	可选支出	总计
基础消费水平	25万～50万元	10万～25万元	35万～75万元
中等消费水平	50万～100万元	30万～80万元	80万～180万元

| 高端消费水平（公立教育）| 100万～200万元 | 80万～200万元 | 180万～400万元 |

| 高端消费水平（私立教育）| 200万～400万元 | 100万～300万元 | 300万～700万元 |

2. 各阶段费用占比分析

阶段	基础消费水平占比	中等消费水平占比	高端消费水平占比
孕期（0岁）	3%～5%	3%～5%	3%～5%
婴幼儿期（0～3岁）	12%～15%	10%～12%	8%～10%
学前教育（3～6岁）	8%～10%	8%～12%	10%～15%
小学阶段（6～12岁）	20%～25%	20%～25%	15%～25%
初中阶段（12～15岁）	10%～15%	10%～15%	10%～15%
高中阶段（15～18岁）	12%～18%	12%～18%	12%～20%
大学阶段（18～22岁）	20%～25%	15%～20%	10%～15%

3. 必要支出与可选支出分析

（1）必要支出（占总成本的60%～70%）

- 产检和分娩费用
- 婴幼儿基本营养（奶粉）
- 尿布和基本日用品
- 基本服装
- 学前教育和义务教育费用
- 高中和大学学费
- 基本医疗保健和保险
- 基本生活费用

（2）可选支出（占总成本的30%～40%）

- 高端产检和分娩服务
- 高端婴幼儿用品

- 品牌服装和玩具

- 早教和兴趣班

- 课外辅导

- 私立/国际学校教育

- 高端医疗保险和服务

- 电子产品和娱乐

- 旅游和度假

十、结论与建议

主要发现

1. **总成本差异大**：在中国养育一个孩子从怀孕到大学毕业的总成本，基础消费水平35万～75万元，高端消费水平可达300万～700万元，差距可达10倍以上。

2. **教育成本占比最大**：教育成本（包括学校教育和课外辅导）是养育成本中占比最大的部分，占总成本的40%～60%。

3. **地区差异显著**：一线城市的养育成本为全国平均水平的1.5～2倍，而县城和农村地区为全国平均水平的50%～70%。

4. **可选支出比例高**：可选支出占总成本的30%～40%，主要集中在高端教育、兴趣班和课外辅导方面。

5. **阶段性特点**：婴幼儿期主要支出在日常必需品上，学龄期主要支出在教育上，高中和大学阶段支出更加多元化。

建议

1. **合理规划**：根据家庭收入和经济状况，合理规划养育支出，避免盲目攀比。

2. **关注重点**：将有限的资源投入对孩子发展最重要的方面，如基础教育和健康保障。

3. **平衡必要与可选**：在满足必要支出的基础上，合理安排可选支出，避免过度消费。

4. **利用社会资源**：充分利用公共教育资源和医疗保障体系，降低养育成本。

5. **长期规划**：提前为子女教育和发展做好长期财务规划，包括教育储蓄和保险规划。

附录：研究局限性

1. 本研究基于公开数据和市场调研，实际养育成本会因家庭具体情况而有所不同。

2. 研究未考虑通货膨胀因素，长期养育成本可能会因物价上涨而增加。

3. 研究未详细区分不同性别、不同出生顺序（如独生子女、二胎等）的养育成本差异。

部分数据可能存在时效性问题，读者在参考时应结合最新市场情况进行调整。

中国养育子女成本综合表格

按年龄阶段和消费水平的养育成本明细表

阶段	年龄范围	费用类别	必要/可选	基础消费水平	中等消费水平	高端消费水平
孕期	0岁	产检费用	必要	2 000～3 000元	5 000～8 000元	15 000～30 000元
		分娩费用（自然）	必要	5 000～8 000元	10 000～15 000元	30 000～50 000元
		分娩费用（剖宫产）	必要	8 000～12 000元	15 000～25 000元	40 000～80 000元
		待产用品	必要	3 000～5 000元	8 000～15 000元	20 000～50 000元
		孕期总计		10 000～20 000元	23 000～48 000元	65 000～160 000元
婴幼儿期	0～3岁	奶粉	必要	18 000～24 000元	30 000～40 000元

45 000～60 000 元 |

| | | 尿布 | 必要 | 8 000～12 000 元 | 15 000～20 000 元 | 24 000～36 000 元 |

| | | 日常用品 | 必要 | 6 000～10 000 元 | 15 000～25 000 元 | 30 000～60 000 元 |

| | | 服装 | 必要 | 3 600～6 000 元 | 6 000～12 000 元 | 12 000～36 000 元 |

| | | 玩具和图书 | 可选 | 2 400～4 500 元 | 4 500～9 000 元 | 9 000～21 000 元 |

| | | 早教/亲子班 | 可选 | 6 000～12 000 元 | 15 000～30 000 元 | 36 000～72 000 元 |

| | | 医疗保健 | 必要 | 3 000～6 000 元 | 6 000～12 000 元 | 15 000～30 000 元 |

| | | 婴幼儿期总计 | | 47 000～74 500 元 | 91 500～148 000 元 | 171 000～315 000 元 |

| 学前教育期 | 3～6 岁 | 幼儿园学费 | 必要 | 10 800～28 800 元 | 36 000～129 600 元 | 180 000～288 000 元 |

| | | 服装 | 必要 | 4 800～7 200 元 | 7 200～14 400 元 | 14 400～42 000 元 |

| | | 玩具和图书 | 可选 | 3 000～6 000 元 | 6 000～12 000 元 | 12 000～27 000 元 |

| | | 兴趣班 | 可选 | 9 000～18 000 元 | 24 000～45 000 元 | 60 000～120 000 元 |

| | | 医疗保健 | 必要 | 3 000～6 000 元 | 6 000～12 000 元 | 15 000～30 000 元 |

| | | 学前教育期总计 | | 30 600～66 000 元 | 79 200～213 000 元 | 281 400～507 000 元 |

| 小学阶段 | 6～12 岁 | 学费（公立）| 必要 | 16 506 元 | 16 506 元 | 16 506 元 |

| | | 学费（私立）| 可选 | 无 | 44 202～300 000 元 | 210 万元 |

| | | 课外辅导 | 可选 | 12 000～36 000 元 | 72 000～216 000 元 | 120 000～300 000 元 |

| | | 服装 | 必要 | 12 000～19 200 元 | 19 200～36 000 元 | 36 000～96 000 元 |

| | | 玩具和图书 | 可选 | 7 800～15 000 元 | 15 000～30 000 元 | 30 000～

72 000 元 |
		兴趣班	可选	24 000 ～ 48 000 元	60 000 ～ 120 000 元	150 000 ～ 300 000 元
		医疗保健	必要	6 000 ～ 12 000 元	12 000 ～ 24 000 元	30 000 ～ 60 000 元
		小学阶段总计（公立）		78 306 ～ 146 706 元	194 706 ～ 442 506 元	382 506 ～ 844 506 元
		小学阶段总计（私立）		无	222 402 ～ 726 000 元	约 256 万元
初中阶段	12 ～ 15 岁	学费（公立）	必要	9 573 元	9 573 元	9 573 元
		学费（私立）	可选	无	39 000 ～ 240 000 元	150 万元
		课外辅导	可选	15 000 ～ 45 000 元	45 000 ～ 135 000 元	150 000 ～ 300 000 元
		服装	必要	7 200 ～ 12 000 元	12 000 ～ 24 000 元	24 000 ～ 60 000 元
		玩具和图书	可选	4 800 ～ 9 600 元	9 600 ～ 22 500 元	22 500 ～ 60 000 元
		兴趣班	可选	15 000 ～ 30 000 元	45 000 ～ 90 000 元	120 000 ～ 240 000 元
		医疗保健	必要	3 000 ～ 6 000 元	6 000 ～ 12 000 元	15 000 ～ 30 000 元
		初中阶段总计（公立）		54 573 ～ 112 173 元	127 173 ～ 293 073 元	341 073 ～ 699 573 元
		初中阶段总计（私立）		无	156 600 ～ 523 500 元	约 181 万元
高中阶段	15 ～ 18 岁	学费（公立）	必要	19 746 元	19 746 元	19 746 元
		学费（私立）	可选	无	21 000 ～ 180 000 元	300 000 ～ 600 000 元
		课外辅导	可选	15 000 ～ 45 000 元	45 000 ～ 135 000 元	150 000 ～ 300 000 元
		服装	必要	7 200 ～ 12 000 元	12 000 ～ 24 000 元	24 000 ～ 60 000 元
		图书和电子产品	可选	4 800 ～ 9 600 元	9 600 ～ 22 500 元	22 500 ～

60 000 元 |

| | | 兴趣班 | 可选 | 15 000 ～ 30 000 元 | 45 000 ～ 90 000 元 | 120 000 ～ 240 000 元 |

| | | 医疗保健 | 必要 | 3 000 ～ 6 000 元 | 6 000 ～ 12 000 元 | 15 000 ～ 30 000 元 |

| | | 高中阶段总计（公立）| | 64 746 ～ 122 346 元 | 137 346 ～ 303 246 元 | 351 246 ～ 709 746 元 |

| | | 高中阶段总计（私立）| | 无 | 138 600 ～ 463 500 元 | 631 500 ～ 1 290 000 元 |

| 大学阶段 | 18 ～ 22 岁 | 学费（公立）| 必要 | 20 000 ～ 24 000 元 | 32 000 ～ 40 000 元 | 40 000 ～ 120 000 元 |

| | | 住宿费 | 必要 | 3 200 ～ 6 000 元 | 6 000 ～ 12 000 元 | 12 000 ～ 32 000 元 |

| | | 生活费 | 必要 | 48 000 ～ 96 000 元 | 72 000 ～ 144 000 元 | 144 000 ～ 240 000 元 |

| | | 服装 | 必要 | 9 600 ～ 16 000 元 | 16 000 ～ 32 000 元 | 32 000 ～ 80 000 元 |

| | | 图书和电子产品 | 可选 | 6 400 ～ 12 800 元 | 12 800 ～ 30 000 元 | 30 000 ～ 80 000 元 |

| | | 兴趣爱好 | 可选 | 8 000 ～ 16 000 元 | 16 000 ～ 40 000 元 | 40 000 ～ 120 000 元 |

| | | 医疗保健 | 必要 | 4 000 ～ 8 000 元 | 8 000 ～ 16 000 元 | 16 000 ～ 32 000 元 |

| | | 大学阶段总计 | | 99 200 ～ 178 800 元 | 162 800 ～ 314 000 元 | 314 000 ～ 704 000 元 |

从怀孕到大学毕业的总成本（22.75 年）

消费水平	必要支出	可选支出	总计
————	————	————	————
基础消费水平	25 万～ 50 万元	10 万～ 25 万元	35 万～ 75 万元
中等消费水平	50 万～ 100 万元	30 万～ 80 万元	80 万～ 180 万元
高端消费水平（公立教育）	100 万～ 200 万元	80 万～ 200 万元	180 万～

400 万元 |

| 高端消费水平（私立教育）| 200 万～ 400 万元 | 100 万～ 300 万元 | 300 万～ 700 万元 |

必要支出与可选支出说明

必要支出

- 产检和分娩费用
- 婴幼儿基本营养（奶粉）
- 尿布和基本日用品
- 基本服装
- 学前教育和义务教育费用
- 高中和大学学费
- 基本医疗保健和保险
- 基本生活费用

可选支出

- 高端产检和分娩服务
- 高端婴幼儿用品
- 品牌服装和玩具
- 早教和兴趣班
- 课外辅导
- 私立 / 国际学校教育
- 高端医疗保险和服务
- 电子产品和娱乐
- 旅游和度假

城市差异

城市类型	费用系数	说明
一线城市（北京、上海、广州、深圳）	1.5 ～ 2.0	费用普遍高于全国平均

水平 50%～100% |

| 新一线城市（杭州、南京、成都等）| 1.2～1.5 | 费用高于全国平均水平 20%～50% |

| 二线城市 | 1.0～1.2 | 接近全国平均水平 |

| 三、四线城市 | 0.7～1.0 | 低于全国平均水平 0%～30% |

| 县城和农村地区 | 0.5～0.7 | 低于全国平均水平 30%～50% |

注意事项

1. 本表格中的费用为全国平均水平，实际费用会因地区、家庭经济状况和个人选择而有较大差异。

2. 基础消费水平指满足基本需求的支出，中等消费水平指城市中产家庭的平均支出，高端消费水平指高收入家庭的支出。

3. 教育费用在总成本中占比最大，占总成本的 40%～60%。

4. 医疗保健费用因儿童健康状况不同而有较大差异。

5. 随着孩子年龄增长，兴趣班和课外辅导的费用占比逐渐增加。

6. 私立教育的费用远高于公立教育，可能导致总成本增加 1～3 倍。

第 8 章 | CHAPTER

综合多领域目标的 Manus 实践

8.1　任务背景：科技公司的智能家居营销需求

假设某新兴科技公司计划推出一款智能家居产品，需要制订一个全面的营销方案，包括市场定位、目标受众分析、内容策略和多平台内容创作。公司希望这个营销方案能够有效传达产品价值，吸引目标用户，并在竞争激烈的市场中脱颖而出。

公司提供的信息包括：

- 产品是一款智能家居控制中心，可以连接和管理家中所有智能设备；
- 主要特点包括语音控制、AI 学习用户习惯、节能优化和安全监控；
- 目标用户是中高收入的城市家庭和科技爱好者；
- 竞争对手包括几家推出了类似产品的知名科技公司；
- 营销预算有限，需要高效利用资源。

在以上案例中，市场定位、目标受众分析、内容策略等需求涉及商业经营与研究决策领域，多平台内容创作涉及内容创作领域，智能家居的品类涉及个人生活领域。并且在需求中，涉及多种不同的目标，即便是使用 Manus，也建议拆分成若干步骤处理。

8.2　前置任务：市场研究和竞争分析

首先，我们使用 Manus 进行深入的市场研究和竞争分析，可以这样撰写指令：

"请帮我分析智能家居市场的当前状况和趋势，特别关注智能家居控制中心产品类别。分析应包括市场规模、增长率、主要参与者、技术趋势和消费者偏好。然后，对市场上主要的智能家居控制中心产品进行详细的竞争分析，比较它们的功能、价格、用户体验、市场份额和营销策略。"

Manus 开始基于"智能家居"等关键词开始在互联网上收集和分析来自

各种来源的信息,包括市场研究报告、科技新闻、产品评测和消费者评价,如图 8-1 所示。

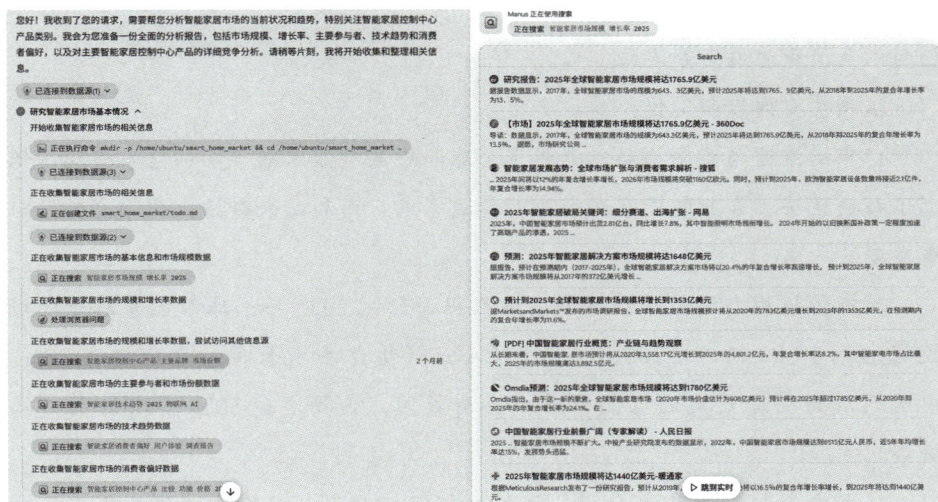

图 8-1　Manus 根据关键词收集和分析信息

基于所查到的信息,Manus 开始整理和分析,并完成了我们要的分析报告,并对自己的报告内容做了一个简单的介绍,如图 8-2 所示。

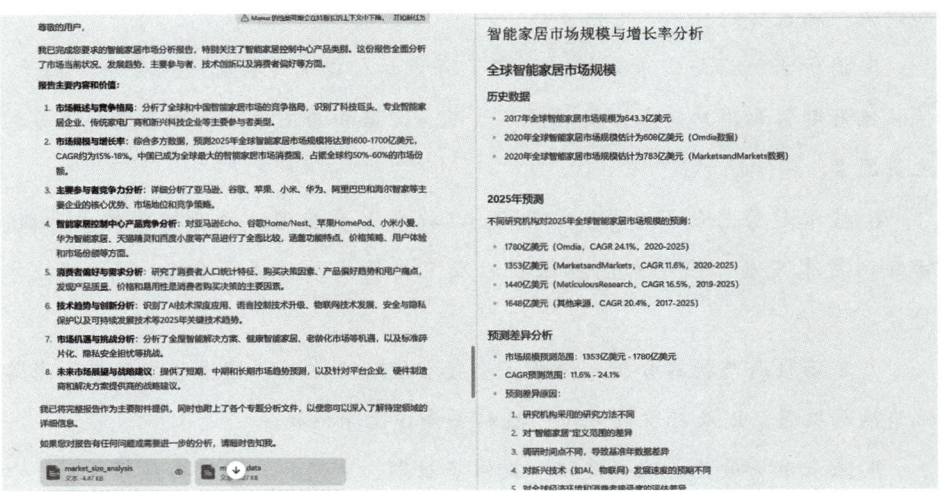

图 8-2　Manus 完成分析报告

输出结果：

我已完成您要求的智能家居市场分析报告，特别关注了智能家居控制中心产品类别。这份报告全面分析了市场当前状况、发展趋势、主要参与者、技术创新以及消费者偏好等方面。

报告主要内容和价值：

1. 市场概述与竞争格局：分析了全球和中国智能家居市场的竞争格局，识别了科技巨头、专业智能家居企业、传统家电厂商和新兴科技企业等主要参与者类型。

2. 市场规模与增长率：综合多方数据，预测2025年全球智能家居市场规模将达到 1 600 亿～1 700 亿美元，CAGR（复合年增长率）为15%～18%。中国已成为全球最大的智能家居市场消费国，占据全球50%～60%的市场份额。

3. 主要参与者竞争力分析：详细分析了亚马逊、谷歌、苹果、小米、华为、阿里巴巴和海尔智家等主要企业的核心优势、市场地位和竞争策略。

4. 智能家居控制中心产品竞争分析：对亚马逊Echo、谷歌Home/Nest、苹果HomePod、小米小爱、华为智能家居、天猫精灵和百度小度等产品进行了全面比较，涵盖功能特点、价格策略、用户体验和市场份额等方面。

5. 消费者偏好与需求分析：研究了消费者人口统计特征、购买决策因素、产品偏好趋势和用户痛点，发现产品质量、价格和易用性是消费者购买决策的主要因素。

6. 技术趋势与创新分析：识别了AI技术深度应用、语音控制技术升级、物联网技术发展、安全与隐私保护以及可持续发展技术等2025年关键技术趋势。

7. 市场机遇与挑战分析：分析了全屋智能解决方案、健康智能家居、老龄化市场等机遇，以及标准碎片化、隐私安全担忧等挑战。

8. 未来市场展望与战略建议：提供了短期、中期和长期市场趋势预测，以及针对平台企业、硬件制造商和解决方案提供商的战略建议。

我已将完整报告作为主要附件提供，同时也附上了各个专题分析文件，以便您深入了解特定领域的详细信息。

具体的分析报告文件的输出结果：

智能家居市场规模与增长率分析

全球智能家居市场规模

历史数据

- 2017年全球智能家居市场规模为643.3亿美元
- 2020年全球智能家居市场规模估计为608亿美元（Omdia数据）
- 2020年全球智能家居市场规模估计为783亿美元（MarketsandMarkets数据）

2025年预测

不同研究机构对2025年全球智能家居市场规模的预测：

- 1 780亿美元（Omdia，CAGR 24.1%，2020～2025）
- 1 353亿美元（MarketsandMarkets，CAGR 11.6%，2020～2025）
- 1 440亿美元（MeticulousResearch，CAGR 16.5%，2019～2025）
- 1 648亿美元（其他来源，CAGR 20.4%，2017～2025）

预测差异分析

- 市场规模预测范围：1 353亿～1 780亿美元
- CAGR预测范围：11.6%～24.1%
- 预测差异原因：
  1. 研究机构采用的研究方法不同
  2. 对"智能家居"定义范围的差异
  3. 调研时间点不同，导致基准年数据差异
  4. 对新兴技术（如AI、物联网）发展速度的预期不同
  5. 对全球经济环境和消费者接受度的评估差异

综合预测

综合各方数据，2025年全球智能家居市场规模最可能在1 600亿～1 700

亿美元之间，CAGR 为 15%～18%。

中国智能家居市场规模

历史数据

- 2020 年中国智能家居市场规模为 3 558.17 亿元人民币
- 2022 年中国智能家居市场规模达到 6 515 亿元人民币
- 近 5 年年均增长率达 15%

2025 年预测

- 预计 2025 年中国智能家居市场规模将达到 4 801.2 亿元人民币
- 2020～2025 年 CAGR 为 6.2%
- 2025 年中国智能家居市场预计出货 2.81 亿台，同比增长 7.8%

细分市场分析

- 智能家电市场占比最大，2025 年的市场规模预计高达 3 892.5 亿元
- 智能安防、智能照明、智能家电、智能影音四类智能家居产品应用较为广泛，在 2018 年总体中国智能家居产品市场份额占比共计 76%
- 智能照明市场预计将领衔增长

全球与中国市场对比

市场规模对比

- 中国已成为全球最大的智能家居市场消费国，占据全球 50%～60% 的市场份额
- 2021 年中国智能家居产品售卖数量已达 2.6 亿台

增长率对比

- 全球市场 CAGR：15%～18%（综合预测）
- 中国市场 CAGR：6.2%（2020～2025）
- 差异分析：中国市场基数较大，增长率相对较低，但绝对增长规模仍然可观

影响市场增长的关键因素

促进因素

1. **技术进步**：AI、物联网、5G 等技术的快速发展和融合
2. **消费升级**：消费者对智能化、便捷化生活方式的追求
3. **政策支持**：各国政府对智能家居产业的政策支持和补贴
4. **产业链成熟**：智能家居产业链日趋完善，成本逐渐降低
5. **疫情影响**：疫情促使人们更多时间在家，增加了对智能家居的需求

制约因素

1. **标准化问题**：行业标准不统一，产品互操作性差
2. **安全隐私**：数据安全和隐私保护问题
3. **用户体验**：部分产品用户体验不佳，提高了使用门槛
4. **价格因素**：高端智能家居产品价格较高，限制普及
5. **技术壁垒**：核心技术研发难度大，部分企业创新能力不足

市场增长预测模型

乐观情景

- 2025 年全球市场规模：1 780 亿美元
- CAGR：20%～24%
- 条件：技术快速突破、标准统一加速、消费者接受度高

中性情景

- 2025 年全球市场规模：1 650 亿美元
- CAGR：15%～18%
- 条件：技术稳步发展、标准逐步统一、消费者接受度中等

保守情景

- 2025 年全球市场规模：1 350 亿美元
- CAGR：10%～12%
- 条件：技术发展缓慢、标准化进程受阻、消费者接受度低

结论

全球智能家居市场正处于快速发展阶段，预计到 2025 年市场规模将达到 1 600 亿～1 700 亿美元，CAGR 在 15%～18% 之间。中国作为全球最大的智

能家居市场消费国，占据全球 50% ～ 60% 的市场份额，预计 2025 年市场规模将达到 4 801.2 亿元人民币。

智能家电、智能安防、智能照明和智能影音是市场份额最大的 4 类产品，其中智能家电占比最高，智能照明增长最快。AI、物联网、5G 等技术的融合发展将是推动市场增长的关键因素，而标准化问题、安全隐私和用户体验是需要解决的主要挑战。

总体而言，智能家居市场前景广阔，增长潜力巨大，但不同细分市场和地区的发展速度可能存在差异。

8.3　接续任务：目标受众分析

在完成上述市场分析后，我们仍然需要更深入地了解目标受众。我们可以这样撰写指令，让 Manus 继续帮助我们分析受众群体：

"基于市场分析结果，请帮我创建 3 ～ 5 个详细的目标用户画像，代表我们产品的潜在购买者。每个画像应包括人口统计信息、生活方式、技术熟悉度、购买动机、痛点和决策因素。特别关注他们的媒体消费习惯和信息获取渠道。"

在得到我们的新任务后，Manus 创建了 4 个详细的用户画像文件。

输出结果：

我已完成您要求的智能家居市场目标用户画像分析，现在向您提交完整的报告和相关文件。

基于之前的智能家居市场分析，我创建了 4 个详细的目标用户画像，代表智能家居产品的主要潜在购买者。这些用户画像涵盖了人口统计信息、生活方式、技术熟悉度、购买动机、痛点和决策因素，并特别关注了他们的媒体消费习惯和信息获取渠道。

主要交付内容包括：

综合报告（final_report.md）：完整的用户画像分析报告，包含执行摘要、目标用户细分分析、详细用户画像、媒体消费习惯分析、用户画像应用指南和营销策略建议。

4个详细用户画像：

科技爱好型年轻专业人士（persona_1_tech_enthusiast.md）

注重安全的年轻家庭（persona_2_safety_focused_family.md）

追求性价比的中产家庭（persona_3_value_conscious_family.md）

健康关注型中老年家庭（persona_4_health_conscious_seniors.md）

媒体消费习惯分析（media_consumption_analysis.md）：对4个用户群体的媒体消费习惯进行深入分析和比较。

用户细分分析（user_segments.md）：对智能家居产品潜在用户的细分分析和目标群体选择理由。

这些用户画像的主要价值：

帮助您更深入地了解不同目标用户群体的特点、需求和行为模式

为产品开发提供针对性指导，优化功能设计和用户界面

提供精准的营销策略建议，包括渠道选择、信息重点和内容形式

指导用户体验优化，解决不同用户群体的痛点

为长期用户关系管理提供基础

综合报告中的用户画像应用指南部分详细说明了如何将这些用户画像应用于产品开发、营销策略和用户体验优化。

我们可以看一下其中一个用户画像文件中的结果。

用户画像1：科技爱好型年轻专业人士
基本信息
- **姓名**：李明

- **年龄**：32岁

- **职业**：互联网公司产品经理

- **收入水平**：年收入30万～50万元

- **居住地**：北京市朝阳区

- **家庭状况**：已婚无子女，双职工家庭

- **住宅类型**：90平方米高档公寓

个人特征

- **性格特点**：开放、创新、追求效率、注重品质

- **生活方式**：工作繁忙，经常加班，周末喜欢宅在家中放松或与朋友聚会

- **兴趣爱好**：科技产品、电子游戏、品质咖啡、旅行、摄影

- **价值观**：崇尚科技改变生活，愿意为提高生活品质和效率付费

技术态度与能力

- **技术熟悉度**：5/5（非常熟悉）

- **设备拥有情况**：高端智能手机、便携式计算机、平板电脑、智能手表、游戏主机

- **技术采纳态度**：早期采纳者，热衷尝试新技术产品

- **技术学习能力**：强，能快速掌握新设备的使用方法，喜欢探索高级功能

智能家居相关

- **智能家居认知**：深入了解，关注最新智能家居技术和产品

- **当前使用情况**：已拥有智能音箱、智能照明、智能电视、智能门锁

- **购买动机**：提高生活便利性、享受科技带来的乐趣、提升生活品质

- **决策因素**：产品功能创新性、技术先进性、生态系统完整性、用户体验

- **预算范围**：单品500～3 000元，愿意为高端产品支付溢价

- **品牌偏好**：苹果、谷歌、亚马逊、华为高端产品线

痛点与需求

- **主要痛点**：
  - 不同品牌设备之间的互操作性差
  - 部分产品设置复杂，需要频繁维护
  - 隐私安全担忧
- **未满足需求**：
  - 更智能的自动化场景
  - 更自然的语音交互体验
  - 跨平台设备的无缝协作
- **担忧**：
  - 数据隐私和安全问题
  - 技术快速迭代导致产品过快淘汰
- **期望**：
  - 更智能、更直观的用户界面
  - 更强大的自定义能力
  - 更完善的生态系统

媒体消费习惯

- **信息获取渠道**：
  - 科技博客和网站（如36氪、爱范儿、少数派）
  - 科技产品评测视频
  - 专业论坛（如知乎）
  - 科技类播客
- **社交媒体使用**：
  - 微信（每天）：主要用于社交和工作沟通
  - 微博（每天）：关注科技新闻和意见领袖
  - 小红书（每周两三次）：查看生活方式和产品推荐

- B 站（每周三四次）：观看科技评测和教程
- **内容偏好**：
  - 深度产品评测和拆解
  - 新品发布会直播
  - 技术原理解析
  - 产品使用技巧和教程
  - 科技趋势分析
- **影响者关注**：
  - 科技媒体主编和资深编辑
  - 知名科技博主和评测达人
  - 科技公司高管
  - 产品设计师和开发者
- **购物渠道**：
  - 品牌官网和官方旗舰店
  - 高端电子产品零售店
  - 京东、天猫等电商平台的品牌官方店铺
  - 海外购和跨境电商（购买国外未上市产品）

一天生活场景

早上 7:00，李明被智能窗帘自动打开和智能音箱播放的轻音乐唤醒。他用语音指令让智能音箱播报今日天气和重要日程，同时智能咖啡机已经准备好了他喜欢的美式咖啡。

出门前，他通过手机 App 一键设置"离家模式"，智能家居系统自动关闭所有灯光、调整空调温度、开启安防系统。

工作期间，他会通过手机 App 查看家中智能摄像头的监控画面，确保家中安全。午休时，他浏览科技网站和社交媒体，关注最新的智能家居产品资讯。

下班回家，系统通过地理位置感知他即将到家，提前开启空调和灯光。进门后，他使用语音控制智能音箱播放音乐，同时调整智能灯光的亮度和色温，创造放松的氛围。

晚上，他经常使用智能电视观看流媒体内容，通过语音控制切换节目。睡前，他会浏览科技论坛和产品评测，研究下一个想购买的智能家居设备。睡觉时，他启动"睡眠模式"，系统自动关闭所有灯光、锁好门窗、调整到适合睡眠的温度。

营销建议

- **触达策略**：
  - 通过专业科技媒体和平台投放内容
  - 利用KOL进行深度产品评测和体验分享
  - 在科技论坛和社区开展讨论和互动
  - 举办线下体验活动和技术沙龙
- **信息重点**：
  - 强调产品的技术创新和领先性
  - 详细介绍产品功能和技术规格
  - 展示与其他设备的互操作性和生态系统优势
  - 提供深度使用场景和自动化可能性
- **渠道选择**：
  - 科技媒体网站和App
  - 视频平台的科技频道
  - 社交媒体的科技话题和兴趣小组
  - 科技展会和新品发布会
- **内容类型**：
  - 深度技术解析文章和视频
  - 产品对比和评测
  - 使用教程和高级技巧
  - 用户案例和创新应用分享

8.4 主干任务：内容策略分析

在 Manus 的帮助下，我们已经快速完成了市场分析和用户画像。接下来，我们需要 Manus 帮助我们制定内容策略，可以这样撰写指令：

"请基于市场分析和用户画像，制定一个全面的内容营销策略。策略应包括核心信息、品牌语调、内容主题、内容类型、发布渠道和时间表。策略应解释如何通过内容解决不同用户画像的痛点，传达产品价值，并在竞争中脱颖而出。"

Manus 通过搜索"智能家居市场规模""智能家居控制中心产品"等关键词整理互联网相关信息并编写报告。任务完成后，Manus 的输出结果界面如图 8-3 所示。

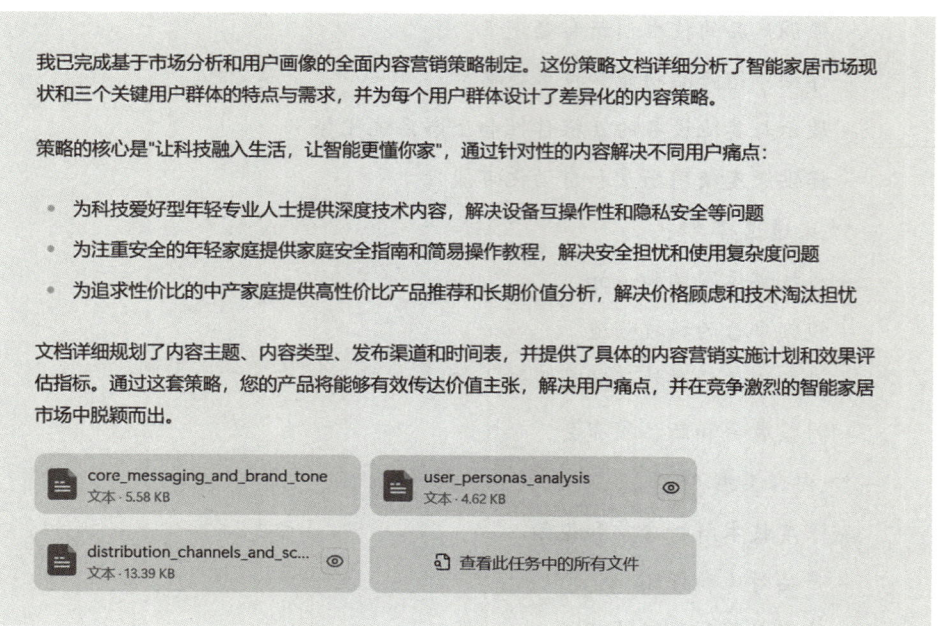

图 8-3　Manus 的输出结果界面

输出结果的主要内容：

核心信息与品牌语调

整体品牌定位

基于市场分析和用户画像研究，我们的智能家居产品应定位为：**融合创新科技与实用价值的智能家居解决方案，为不同家庭提供安全、便捷、高效的智能生活体验**。

核心价值主张

总体价值主张

"让科技融入生活，让智能更懂你家"

差异化竞争优势

1. **全面生态系统**：产品间无缝连接，提供整合的智能家居体验
2. **多层次安全保障**：从设备到数据全方位保护家庭安全与隐私
3. **直观易用的界面**：降低使用门槛，适合不同技术熟悉度的用户
4. **灵活的产品组合**：从单品到套装，满足不同预算和需求的家庭
5. **持续的技术支持**：提供长期软件更新和技术服务，延长产品生命周期

针对不同用户画像的核心信息

用户画像 1：科技爱好型年轻专业人士

核心信息

- **主要信息点**：技术创新性、生态系统整合、个性化定制能力
- **价值主张**："引领智能生活新方式，打造个性化科技体验"
- **差异化卖点**：
  1. 行业领先的技术规格和性能参数
  2. 开放 API 和自定义场景能力
  3. 与国际主流平台的无缝对接
  4. 定期推送新功能和技术升级

5. 高级用户社区和技术交流平台

品牌语调

- **语言风格**：专业、前沿、精确
- **表达特点**：使用技术术语，详细的技术规格，深入的功能解析
- **沟通方式**：直接、信息密集、理性
- **情感诉求**：激发探索欲和创新精神，强调掌控感和领先感
- **示例表述**：

  - "采用最新 AI 算法，提升设备识别准确率，达 98.7%"

  - "开放 API，让您的智能家居系统具备无限可能"

  - "全球首创的多设备协同技术，实现真正的智能场景联动"

用户画像 2：注重安全的年轻家庭

核心信息

- **主要信息点**：家庭安全保障、儿童保护功能、简单可靠的操作
- **价值主张**："守护家的每一刻，让安心与智能同行"
- **差异化卖点**：

  1. 多重安防监控系统，实时保护家人安全

  2. 儿童友好设计，专为家庭场景优化

  3. 简单直观的家庭控制中心

  4. 异常情况智能预警和紧急联系人通知

  5. 严格的数据加密和隐私保护措施

品牌语调

- **语言风格**：温暖、可靠、贴心
- **表达特点**：使用生活化语言，强调情感连接，突出安全感
- **沟通方式**：亲切、关怀、共情
- **情感诉求**：家庭安全感、父母责任感、对孩子的保护
- **示例表述**：

  - "当您外出时，我们守护您的家，让您随时了解家中情况"

- "专为孩子设计的安全模式，让父母更安心"

- "一键设置全家安防系统，简单操作守护全家安全"

用户画像 3：追求性价比的中产家庭

核心信息

- **主要信息点**：实用价值、经济实惠、耐用可靠

- **价值主张**："品质智能生活，不必高价格"

- **差异化卖点**：

  1. 高性价比产品组合，满足基础智能家居需求

  2. 经久耐用的产品质量，延长使用寿命

  3. 节能省电功能，降低长期使用成本

  4. 简单易学的操作界面，降低学习成本

  5. 完善的售后服务和保修政策

品牌语调

- **语言风格**：务实、亲民、直接

- **表达特点**：使用日常语言，强调实际价值，突出经济效益

- **沟通方式**：坦诚、实用、平等

- **情感诉求**：理性消费的满足感，明智选择的自豪感

- **示例表述**：

  - "同样的智能体验，更实惠的价格"

  - "一次投入，长久受益，三年质保让您无忧使用"

  - "智能省电模式，每年可为家庭节省电费约 300 元"

整体品牌语调指南

品牌个性

- **可靠**：展现产品的稳定性和可信赖性

- **创新**：体现技术前沿和持续进步

- **亲和**：贴近用户生活，易于理解和接受

- **专业**：展示行业专业知识和技术实力

语言风格指南

1. **清晰简洁**：避免冗长复杂的表述，使用简明直接的语言
2. **具体而非抽象**：用具体数据和实例说明产品价值
3. **积极正面**：强调解决方案和价值，而非问题和困难
4. **真实可信**：避免夸大宣传，保持诚实和透明
5. **情感连接**：在适当场合融入情感元素，建立与用户的共鸣

不同场景的语调调整

1. **教育内容**：耐心、详细、循序渐进
2. **产品介绍**：热情、生动、突出特点
3. **技术支持**：专业、精确、解决问题导向
4. **社交媒体**：轻松、互动、时尚
5. **危机沟通**：诚恳、负责、透明

核心信息传递策略

差异化传播策略

1. **用户画像1**：强调技术创新和深度功能，提供详细技术内容
2. **用户画像2**：突出家庭安全和简易操作，提供实际应用场景
3. **用户画像3**：聚焦性价比和实用价值，提供经济效益分析

统一品牌形象要素

1. **核心理念**：科技让家庭生活更美好
2. **品牌承诺**：提供安全、便捷、高效的智能家居体验
3. **视觉识别**：简洁、现代的设计风格，温暖家居色调
4. **品牌故事**：从用户需求出发，创造更智能的生活方式

避免的沟通陷阱

1. 过度使用技术术语导致普通用户理解困难
2. 忽视不同用户群体的差异化需求
3. 过分强调产品功能而忽略实际使用价值

4. 缺乏情感连接，使品牌形象冰冷、机械

5. 夸大产品效果，造成用户期望与实际体验的落差

8.5 最终任务：多平台内容创作

有了明确的策略，我们可以开始创建具体内容。为了确保内容能够达到最佳效果，我们可以这样撰写指令：

"基于内容策略，请帮我创建以下内容：

1. 一篇面向科技爱好者的博客文章，深入介绍产品的技术创新和兼容性
2. 一个面向忙碌专业人士的视频脚本，展示产品如何简化日常生活
3. 一系列社交媒体帖子，突出产品的不同功能和优势
4. 一封产品发布电子邮件，吸引潜在客户注册产品演示

并为这些内容提供 SEO 建议，包括关键词策略、元描述和内部链接建议。同时，设计一个 A/B 测试计划，测试不同标题、视觉元素和行动号召对转化率的影响。最后，创建一个内容效果评估框架，包括关键绩效指标和数据收集方法。"

最后，Manus 按照我们的要求完成了博客文章、视频脚本、社交媒体帖子、产品发布电子邮件、SEO 策略、A/B 测试计划、内容效果评估框架等所有内容的生成与输出。最终结果如图 8-4 所示。

输出结果：

视频脚本：《智能家居，为忙碌生活创造更多时间》

开场（0:00 ～ 0:15）

[画面：快节奏的城市生活蒙太奇，显示忙碌的专业人士在处理工作、家务和个人事务]

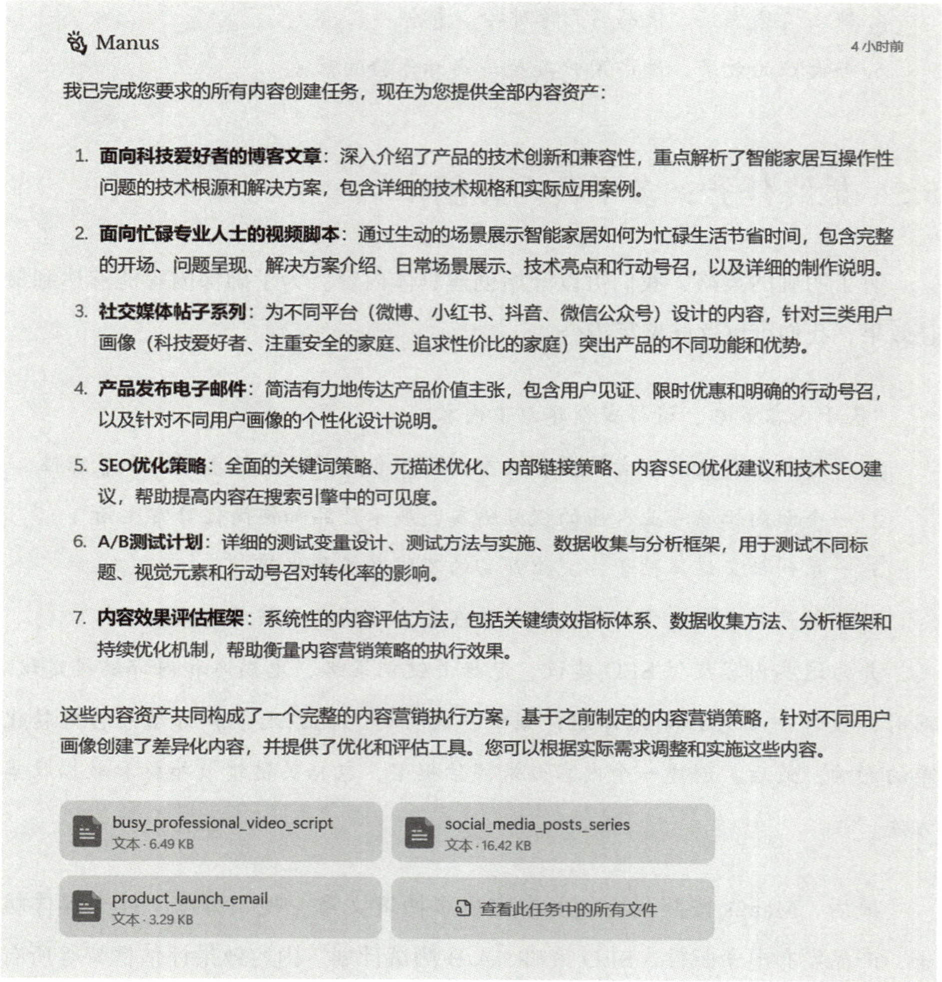

图 8-4　Manus 的输出结果

旁白：在这个分秒必争的时代，我们每天都在与时间赛跑。工作会议、家庭责任、个人发展……24 小时似乎永远不够用。

[画面：一位疲惫的专业人士回到家，放下公文包，长舒一口气]

旁白：如果有一种方式，能让你的家自动适应你的需求，为你节省宝贵的时间，会怎样？

问题呈现（0:15～0:45）

[画面分屏：左侧显示传统家居场景，右侧显示智能家居场景]

旁白：传统家居要求我们花费大量时间在重复性任务上：

[画面：人物依次手动关灯、调温度、检查门窗、设置闹钟]

旁白：每天早出晚归，还要记得关闭所有电器、锁好门窗；清晨忙着准备，还要调整温度、拉开窗帘、查看天气和日程……

[画面：特写人物疲惫的表情和看时间的焦虑动作]

旁白：根据研究，普通专业人士每天花在家居管理上的时间高达47分钟。这相当于每年超过285小时，或者说12天的宝贵时间。

解决方案介绍（0:45～1:30）

[画面：智能家居系统启动，灯光柔和亮起]

旁白：想象一下，当你的家能够理解你的习惯，预测你的需求，并自动为你完成这些任务。

[画面：人物通过手机App一键设置"离家模式"，家中灯光自动关闭，窗帘拉上，安防系统启动]

旁白：我们的智能家居系统通过学习您的日常习惯，创建个性化的自动化场景，让您一键完成复杂的家居管理任务。

[画面：分屏展示三个主要功能]

旁白：

1. **智能场景**：根据您的生活习惯，自动创建和执行个性化场景
2. **远程控制**：无论身在何处，随时掌控家中每一个角落
3. **语音助手**：解放双手，用自然语言控制您的智能家居

日常场景展示（1:30～3:00）

场景一：忙碌早晨（1:30～2:00）

[画面：闹钟响起，智能窗帘自动打开，灯光柔和亮起，咖啡机开始工作]

旁白：早晨 6:30，当您的闹钟响起，"早晨模式"自动激活。

[画面：浴室灯亮起，镜子显示今日天气、日程和交通状况]

旁白：浴室智能镜为您展示今天的重要信息，帮助您高效规划一天。

[画面：人物享用自动煮好的咖啡，同时通过语音助手确认日程]

人物："助手，今天的第一场会议是什么时候？"

语音助手："您今天上午 9 点有一个市场策略会议，考虑到当前交通状况，建议您 8 点 15 分出发。"

场景二：远程办公（2:00～2:30）

[画面：人物在办公室，突然收到包裹送达的通知]

旁白：即使不在家，您也能完全掌控家中情况。

[画面：人物通过手机查看门口摄像头，与快递员对话，并远程开门]

旁白：远程查看访客，进行双向对话，甚至为信任的访客临时开门，一切尽在掌控。

[画面：人物通过 App 查看家中能源使用情况，调整温度设置]

旁白：同时，实时监控家中能源使用，远程调整设置，既节省能源，又降低账单。

场景三：回家时刻（2:30～3:00）

[画面：系统检测到人物车辆接近家]

旁白：当系统检测到您正在回家，"欢迎回家"模式自动激活。

[画面：车库门自动打开，家中灯光亮起，温度调整到舒适水平，音乐轻柔响起]

旁白：车库门自动开启，家中环境调整到您喜欢的状态，让您一回家就能享受舒适放松的氛围。

[画面：人物走进家门，放下包，舒适地坐在沙发上]

人物："助手，我回来了。"

语音助手："欢迎回家。晚餐预约已确认，将在 30 分钟后送达。您有 3 条未读消息，需要我现在播报吗？"

技术亮点（3:00～3:30）

［画面：简洁的图形动画展示系统核心技术］

旁白：我们的系统基于三大核心技术优势：

1. **全面生态系统**：兼容市场上 98% 的智能设备，无论品牌如何，都能无缝协作

［画面：各种品牌设备连接到中央系统］

2. **AI 学习能力**：系统持续学习您的习惯，预测需求，提供个性化建议

［画面：AI 分析用户行为模式的可视化图表］

3. **简单直观界面**：不需要技术背景，三步完成设置，五分钟掌握全部功能

［画面：简单的设置步骤演示］

用户收益总结（3:30～4:00）

［画面：图表显示用户节省的时间］

旁白：通过我们的智能家居系统，您每天可以节省平均 42 分钟的时间，每年相当于超过 250 小时。

［画面：用户在花园里与家人共度时光/阅读/运动］

旁白：这意味着您可以拥有更多宝贵时间，用于家人陪伴、个人爱好或专业发展。

［画面：智能家居控制界面，突出显示简单易用的设计］

旁白：最重要的是，所有这些便利都触手可及，简单易用的界面让每个人都能轻松掌握。

结束与行动号召（4:00～4:30）

［画面：回到开场的专业人士，现在轻松地通过语音控制家中设备，有更多时间陪伴家人］

旁白：在这个分秒必争的时代，让科技为您创造更多时间，让智能更懂您的生活。

［画面：产品 logo 和网站］

旁白：立即预约免费演示，体验智能家居如何为您的忙碌生活带来改变。

［画面：行动号召按钮］

旁白：访问 smartecosystem.com，或扫描屏幕上的二维码，开启您的智能生活之旅。

片尾（4:30 ～ 5:00）

［画面：系统在不同家庭场景中的应用蒙太奇］

旁白：让科技融入生活，让智能更懂你家。

［画面：品牌标志和联系信息］

制作说明

视觉风格

- 现代简约设计

- 明亮自然的光线

- 真实家庭环境，避免过度科技感

- 专业人士形象：30 ～ 40 岁，着装得体但不过于正式

- 色调：温暖中性，避免冷色调

音乐与音效

- 背景音乐：现代、积极但不喧闹

- 系统音效：简洁、愉悦、专业

字幕

- 关键数据和产品特性需配有简洁字幕

- 所有语音内容需提供完整字幕选项

镜头语言

- 流畅的转场

- 适当使用分屏对比传统与智能家居

- 特写镜头展示用户表情变化：从疲惫到轻松
- 产品界面展示需清晰可辨

智能家居社交媒体帖子系列

微博帖子系列

帖子1：全面生态系统（面向科技爱好者）

突破智能家居"孤岛困境"！我们的智能中枢支持5大主流协议+12种次要协议，兼容200多种品牌设备，让不同品牌设备真正"对话"。告别多个App切换困扰，一个平台控制全屋智能。#智能家居互联互通##全屋智能#

[图片：展示多品牌设备连接到中央智能中枢的网络图，突出协议转换技术]

帖子2：安全与隐私（面向注重安全的家庭）

家的安全，容不得半点妥协！我们的智能家居系统采用军工级三层安全架构：硬件安全模块防物理攻击，端到端加密保护数据传输，零知识证明确保云端无法获取原始数据。已通过ISO 27001认证，让您安心享受智能生活。#智能家居安全##数据隐私保护#

[图片：温馨家庭场景中叠加安全防护盾图形，展示多层安全保障]

帖子3：简单易用（面向所有用户）

智能家居，人人都能轻松上手！三步完成设置，五分钟掌握全部功能，语音控制解放双手。98.7%的测试用户表示，我们的系统是他们使用过的最简单直观的智能家居平台。#智能家居新手友好##科技让生活更简单#

[图片：展示简单的三步设置流程和直观的用户界面]

帖子4：节能省钱（面向追求性价比的家庭）

智能不只是便利，更是省钱！数据显示，我们的智能家居系统平均可为家庭节省18%的能源消耗。一位用户反馈："使用智能温控和照明一年，电费直接减少了2 600元！"投资回报看得见。#智能省电##节能减排##省钱妙招#

[图片：展示能源使用对比图表和实际节省金额]

帖子 5：场景自动化（面向忙碌专业人士）

每天能多出 42 分钟，你会用来做什么？我们的 AI 场景引擎学习您的生活习惯，自动执行日常任务，让您从烦琐家务中解放出来。一年可节省超过 250 小时！生活不忙碌，科技更懂你。#智能生活##时间管理##效率提升#

[图片：展示用户在花园与家人共度时光，对比传统手动控制家居的忙碌场景]

小红书帖子系列

帖子 1：智能家居改造实录（面向追求性价比的家庭）

#3 000 块改造智能家居，我家省电费的秘密！

大家好！今天分享我家的智能家居改造经验，总投入不到 3 000 元，每月却能省下 200 多元的电费，半年就回本了！

我家选择的智能套装包括：

- 智能中枢（899 元）：整个系统的"大脑"
- 智能插座 4 个（79 元／个）：控制各种电器
- 人体传感器 2 个（89 元／个）：感应有人活动
- 温湿度传感器（129 元）：监测室内环境
- 智能窗帘电机（599 元）：自动调节光照

最省电的三个场景设置：

1. 无人节能：检测到房间内 30 分钟无人活动，自动关闭电器和灯光
2. 智能温控：根据室内温度自动调节空调，比传统温控省电 15%
3. 光照管理：根据阳光强度自动调节窗帘，减少空调使用

一个月的变化：

改造前：电费 378 元／月

改造后：电费 172 元／月

净省钱：206 元／月

投资回报计算：

总投入：2 121 元

月省钱：206 元

回本周期：约 10 个月

但考虑到夏冬季节省更多，实际上半年就能回本！而且还带来了便利和舒适度的提升，真的是一举多得～

#智能家居##省电省钱##家居改造##投资回报率##聪明消费#

[图片组：改造前后对比、安装过程、电费账单对比、舒适的家居环境]

帖子 2：智能育儿助手（面向注重安全的家庭）

#做了个"超级保姆"，宝妈们的育儿神器！

身为两个孩子的妈妈，我最大的焦虑就是不能时刻陪伴孩子。自从安装了智能家居系统，简直像请了个 24 小时不休息的"超级保姆"！

这套系统如何守护宝宝：

☑ 安全监控：高清摄像头 +AI 识别，能分辨宝宝是否哭闹、是否有危险行为

☑ 睡眠守护：监测婴儿房温湿度、噪声和空气质量，创造最佳睡眠环境

☑ 远程互动：即使在办公室，也能通过视频查看宝宝，甚至远程播放摇篮曲

☑ 异常提醒：宝宝哭闹、离开婴儿床、室内环境异常都会立即推送通知

☑ 成长记录：自动记录宝宝的睡眠质量、活动规律，生成育儿建议

关于隐私安全：

所有数据采用端到端加密，只有家庭成员可以访问。摄像头带物理遮挡开关，不用时可以完全遮蔽镜头，绝对安心！

老公评价："第一次出差不用担心家里情况，随时能看到宝宝，工作安心，效率也提高了很多！"

投入：全套系统约 4 500 元（含智能中枢、摄像头、环境传感器、智能插座等）

对于我们来说，孩子的安全和家人的安心是无价的。如果你也是为育儿焦虑的父母，真心推荐你尝试这套系统！

#智能育儿# #家庭安全# #育儿神器# #科技妈妈# #安心育儿#

[图片组：系统界面展示、安全监控画面（注意保护儿童隐私）、温馨的婴儿房环境、使用系统的妈妈轻松表情]

帖子3：智能家居开箱体验（面向科技爱好者）

开箱 | 这套智能家居系统让我惊艳的5个细节

作为一个资深科技爱好者，我体验过市面上几乎所有主流智能家居系统。最近入手的这套系统有5个细节真的让我惊艳，分享给大家！

惊艳细节一：多协议融合技术

支持Wi-Fi、ZigBee、Z-Wave、蓝牙和Matter五大协议，还能自动识别和转换协议！测试了家里20多个不同品牌设备，全部完美接入，告别了多App切换的噩梦。

惊艳细节二：开放API能力

作为开发者，我最爱它的API设计。系统同时支持RESTful和WebSocket双模式，还提供GraphQL查询支持，文档超详细。周末我只花了半天时间就开发了一个自定义控制面板，爽！

惊艳细节三：离线运行能力

断网测试超过72小时，所有本地场景和控制完全正常运行，不依赖云服务。这点对比友商真是甩出几条街！

惊艳细节四：AI学习能力

使用两周后，系统开始给我推荐场景设置，准确率惊人。比如它发现我周一到周五早上7点起床，自动建议创建"工作日早晨"场景，太智能了！

惊艳细节五：硬件设计质感

中枢主机采用阳极氧化铝材质，散热出色，静音设计。连接器全部采用镀金处理，细节处理真的很到位。

价格：智能中枢1 299元，全套系统花费根据需求在3 000～8 000元之间总结：市面上最强大的智能家居系统，没有之一！对于追求极致智能家居体验的朋友，这绝对是首选。

#智能家居# #科技开箱# #智能家居评测# #科技体验# #智能生活#

[图片组：产品开箱、细节特写、系统界面、API开发界面、多设备连接展示]

帖子 4：智能家居改变生活（面向忙碌专业人士）

#忙碌职场人的救星！这套系统每天帮我省出 1 小时

作为一名经常加班的金融分析师，我的时间总是不够用。三个月前安装的智能家居系统，现在每天能帮我节省出约 1 小时时间，分享我的"时间管理神器"！

它如何帮我节省时间：

智能早晨（省 20 分钟）：

- 6:30，窗帘自动打开，灯光渐亮
- 咖啡机自动开始煮咖啡
- 浴室镜子显示今日天气、日程和路况
- 不用看手机查各种信息，洗漱更专注高效

安心离家（省 10 分钟）：

- 一键"离家模式"，自动关闭所有电器、调整温度
- 安防系统自动启动，门窗状态一目了然
- 再也不用挨个检查电器、锁门窗

智能晚归（省 15 分钟）：

- 系统检测到我的车接近小区，自动开启车库门
- 进入家门前，空调已调至舒适温度，灯光已亮起
- 晚餐提前预约，刚到家就能享用

睡前安心（省 15 分钟）：

- 一键"睡眠模式"，全屋设备进入夜间状态
- 自动检查门窗、电器安全状态

- 设置好第二天的闹钟和早晨流程

意外收获：每天还能省下约200元外卖和咖啡费！因为系统提前提醒我准备食材，自动煮咖啡。

投入：全套系统约5 000元

回报：每天节省1小时+200元，一年就是365小时+73 000元！

对于我这样忙碌的职场人来说，时间和效率就是最宝贵的资源。这套系统绝对是我今年最值得的投资！

#智能生活# #时间管理# #效率提升# #职场人必备# #科技改变生活#

[图片组：智能早晨场景、一键离家模式界面、智能控制面板、轻松的生活状态]

帖子5：智能家居入门指南（面向所有用户）

#零基础智能家居入门指南，看这一篇就够了！

很多朋友好奇智能家居，但被复杂的概念和专业术语吓退。作为一个从零开始的过来人，我整理了这份超实用的入门指南，保证小白也能看懂！

智能家居到底是什么？

简单说，就是通过网络连接各种家用设备，实现自动化控制和远程操作。比如用手机控制灯光、空调，或设置自动化场景等。

新手入门三步走：

1. 选择智能中枢（系统"大脑"）

2. 添加智能设备（灯光、插座等）

3. 设置自动化场景（如回家模式）

小白最适合的入门套装：

- 智能中枢（必选）：推荐我们的入门版，支持多协议，简单易用

- 智能插座（2～4个）：最简单的智能化方式，秒变智能电器

- 智能灯泡（2～3个）：客厅和卧室各一个，体验智能照明

- 人体传感器：感应人员活动，触发自动化场景

三个最实用的入门场景：

1. 离家模式：一键关闭所有电器和灯光
2. 回家模式：检测到您回家，自动开灯调温
3. 电器保护：长时间未操作自动关闭高耗电设备

常见疑问解答：

Q：需要很懂技术吗？

A：完全不需要！我们的 App 有引导式设置，只需三步即可完成。

Q：安装复杂吗？

A：大部分设备即插即用，无须布线或装修。

Q：价格很贵吗？

A：入门套装 1 500 元起，分期每月仅需 125 元。

小贴士：可以先从单个房间开始，逐步扩展，循序渐进体验智能生活！

#智能家居入门##新手指南##智能家居套装##科技小白##智能生活#

[图片组：入门套装展示、简单的三步设置流程、App 界面截图、实际使用效果]

抖音短视频系列

视频 1：智能家居互操作性展示（15 秒）

画面：快速展示不同品牌设备（小米灯泡、华为摄像头、亚马逊 Echo 等）连接到智能中枢，然后通过一个 App 或语音统一控制。

文案："不同品牌设备不兼容？我们的智能中枢支持 200 多种品牌，一个平台控制全屋智能！#智能家居#设备互联"

目标受众：科技爱好者、所有智能家居用户

视频 2：早晨自动化场景（30 秒）

画面：展示忙碌专业人士的智能早晨流程：闹钟响起→窗帘自动打开→灯光渐亮→咖啡机启动→浴室镜子显示日程→用户轻松准备上班

文案："每天多睡 20 分钟，还能从容准备！智能家居让忙碌生活更轻松 #时间管理 #智能生活"

目标受众：忙碌专业人士、时间管理需求用户

视频3：儿童安全监护（20秒）

画面：展示父母在手机上远程查看孩子在家情况，系统检测到孩子接近危险区域自动发出提醒，同时播放父母预先录制的语音提醒孩子

文案："即使不在孩子身边，也能守护他们的安全。智能家居，妈妈的得力助手＃智能育儿＃家庭安全"

目标受众：注重安全的年轻家庭

视频4：智能省电对比实验（45秒）

画面：对比实验：两个相同房间，一个使用传统电器，一个使用智能家居系统。通过电表读数和账单对比，展示智能家居如何节省能源和费用。

文案："实测：相同使用条件，智能家居每月省电18%！一年省下的电费够买个新手机了！＃省钱妙招＃智能省电"

目标受众：追求性价比的中产家庭

视频5：三步设置智能家居（15秒）

画面：快速展示智能家居系统的简单设置过程：①连接智能中枢；②扫描设备二维码；③完成设置并使用

文案："智能家居真的很难设置？看我三步搞定！科技小白也能轻松上手＃新手友好＃智能家居入门"

目标受众：智能家居新手、技术接受度较低用户

微信公众号推文

推文1：智能家居全景指南（面向所有用户）

标题：【深度解析】智能家居全景指南：从入门到精通

导语：随着技术发展，智能家居正从科技爱好者的玩具，变成普通家庭的刚需。本文带您全面了解智能家居的发展现状、核心技术和实际应用，无论您是科技发烧友还是普通家庭用户，都能找到适合自己的智能家居解决方案。

内容框架：

1. 智能家居发展现状与趋势

2. 核心技术解析：协议标准、互联互通、AI 应用

3. 三类用户的智能家居解决方案：

    - 科技爱好者的全屋智能

    - 家庭安全为核心的智能系统

    - 经济实用型智能家居方案

4. 智能家居实际应用案例分享

5. 入门指南与常见问题解答

配图：智能家居生态系统图、不同用户场景图片、系统界面展示

行动号召：关注公众号，获取智能家居专业指南和优惠信息

推文 2：智能家居安全白皮书（面向注重安全的家庭）

标题：【安全白皮书】智能家居如何守护您的家庭安全与隐私

导语：随着智能设备进入千家万户，家庭安全与隐私保护成为用户最关心的问题。本白皮书详细解析我们的多层次安全架构，以及如何在享受智能便利的同时，确保家人安全和数据隐私。

内容框架：

1. 智能家居安全风险分析

2. 三层安全防护体系详解：

    - 设备级安全：硬件加密、安全启动

    - 网络级安全：端到端加密、异常检测

    - 云端安全：零知识证明、多因素认证

3. 儿童安全监护系统特性

4. 隐私保护技术与实践

5. 安全认证与第三方评估结果

6. 用户安全设置指南

配图：安全架构图、安全认证证书、儿童安全监护界面

行动号召：预约免费安全评估，了解如何提升家庭安全级别

推文 3：智能家居经济效益分析（面向追求性价比的家庭）

标题：【数据分析】智能家居投资回报率研究：省钱省时的智慧之选

导语：智能家居是奢侈品还是明智投资？本文通过大量用户数据和实际案例，分析智能家居系统的经济效益和投资回报，帮助您做出理性的消费决策。

内容框架：

1. 智能家居初始投入分析
   - 基础套装 vs 全屋智能对比
   - 分期付款与优惠政策

2. 长期经济效益分析
   - 能源节约数据分析
   - 设备寿命与维护成本
   - 时间节省的经济价值

3. 投资回报周期计算
   - 不同家庭类型 ROI 案例
   - 投资回报计算器使用

4. 智能家居分步投资策略
   - 优先级推荐
   - 循序渐进投资方案

5. 用户真实省钱案例分享

配图：投资回报图表、能源节约数据可视化、用户账单对比

行动号召：使用我们的 ROI 计算器，获取个性化投资回报分析

推文 4：智能家居技术深度解析（面向科技爱好者）

标题：【技术解密】智能家居核心技术架构与开放生态系统构建

导语：作为技术爱好者，您是否好奇智能家居系统背后的技术架构？本文深入剖析我们的多协议融合技术、开放 API 系统和 AI 学习引擎，展

示如何突破传统智能家居的技术壁垒。

内容框架：

1. 多协议融合技术原理
   - 协议转换引擎架构
   - 实时性能优化技术
   - 自适应网络拓扑
2. 开放 API 生态系统
   - API 架构设计理念
   - 开发者资源与支持
   - 第三方集成案例
3. AI 学习与预测引擎
   - 用户行为模型构建
   - 场景预测算法
   - 隐私计算技术应用
4. 未来技术路线图
   - 去中心化技术展望
   - 边缘计算应用前景
   - 新一代交互体验

配图：技术架构图、API 文档截图、开发者社区展示

行动号召：加入开发者社区，获取 API 文档和开发资源

产品发布电子邮件

主题行："智能家居革新：一键掌控全屋，为生活每天节省 1 小时"

[智能家居系统标志和产品图片]

让科技融入生活，让智能更懂你家

尊敬的 [收件人姓名]，

在这个分秒必争的时代，您是否曾希望能够拥有更多时间陪伴家人、发展

事业或享受生活？

我们很高兴向您介绍全新一代智能家居系统——真正理解您需求的智慧家庭解决方案。

为什么我们的系统与众不同？

* **全面生态系统**：兼容200多种品牌设备，一个平台控制全屋智能
* **AI学习能力**：系统持续学习您的习惯，预测需求，提供个性化建议
* **多层次安全**：军工级加密技术，保障家庭安全和数据隐私
* **简单直观**：三步完成设置，五分钟掌握全部功能
* **实际价值**：平均每天节省1小时时间，每月节省18%能源消耗

想象一下这样的生活：

* 早晨，当闹钟响起，窗帘自动打开，咖啡已经准备就绪
* 离家时，一键设置"离家模式"，系统自动关闭所有电器，启动安防系统
* 回家前，系统检测到您正在接近，预先调整室内温度和灯光
* 晚上，语音指令"准备睡觉"即可关闭全屋灯光，锁好门窗，设置夜间安防模式

我们的用户怎么说：

> "安装智能家居系统后，我每天节省了近1小时的时间，终于有空陪孩子做功课了。"

> ——张女士，市场总监，两个孩子的妈妈

> "作为科技爱好者，我尝试过市面上几乎所有智能家居系统，这是唯一一个真正解决了设备互操作性问题的方案。"

> ——李先生，软件工程师

> "我家的电费直接减少了25%！投资不到半年就回本了，而且使用体验非常棒。"

> ——陈先生，财务经理

限时优惠：

* **免费上门评估**：专业顾问为您设计个性化智能家居方案
* **首批用户特惠**：基础套装立减500元，全屋智能方案享8折优惠
* **30天无忧退款**：如不满意，30天内可全额退款
* **3年质保服务**：行业领先的保修期，确保长期无忧使用

立即行动：

[预约免费演示]

只需点击上方按钮，填写简单信息，我们的专业顾问将在24小时内与您联系，安排便捷的线上或上门演示。

或致电：400-888-××××

限时优惠将于4月15日结束，立即行动，开启智能生活新篇章！

××智慧家庭科技有限公司

地址：××市科技园区××号

电话：400-888-××××

邮箱：info@smartecosystem.com

网站：www.smartecosystem.com

[取消订阅] | [隐私政策] | [联系我们]

电子邮件设计说明

视觉设计

- 使用简洁现代的设计风格
- 主色调：科技蓝为主，搭配温暖的家居色彩
- 插入高质量的智能家居场景图片
- 确保按钮醒目，使用对比色

个性化元素

- 收件人姓名个性化

- 根据用户画像分类，调整内容重点：
  - 科技爱好者：强调技术创新和互操作性
  - 注重安全家庭：强调安全功能和儿童保护
  - 追求性价比家庭：强调节能省钱和投资回报

技术规范

- 确保邮件在移动设备上显示良好
- 优化图片加载速度
- 包含纯文本版本作为备选
- 确保所有链接正确追踪

突破智能家居互操作性壁垒：全面解析智慧家庭互联技术与解决方案

在智能家居快速发展的今天，我们见证了从单一智能设备到全屋智能系统的演进。然而，随着家中智能设备数量增加，一个棘手的问题日益凸显：不同品牌、不同协议的设备之间难以实现无缝协作，形成了所谓的"智能孤岛"。本文将深入剖析智能家居互操作性问题的技术本质，并详细介绍我们如何通过创新技术架构和开放生态系统，彻底解决这一行业痛点。

智能家居互操作性问题的技术根源

协议标准碎片化

当前智能家居市场存在多种通信协议并行的局面，主要包括：
- **Wi-Fi**：高带宽、高功耗，适合视频监控、智能电视等设备
- **ZigBee**：低功耗、网状网络，适合传感器、智能开关等
- **Z-Wave**：低功耗、高兼容性，专为家庭自动化设计
- **蓝牙 BLE**：低功耗、短距离，适合可穿戴设备和近场控制
- **Matter**：新兴开放标准，旨在统一智能家居生态

根据我们的市场调研，普通家庭平均拥有 12.3 个智能设备，涉及 3～4 种不同协议。这种协议碎片化导致设备间无法直接通信，需要通过多个网关或应用程序进行控制，大大增加了系统复杂度和使用门槛。

封闭生态系统壁垒

各大厂商为了构建自身生态优势，往往采用封闭或半封闭的系统架构：

- **专有 API**：限制第三方访问和集成
- **定制协议**：增加与其他系统对接难度
- **独立云平台**：数据孤岛，阻碍跨平台场景联动

这种策略虽然有利于厂商构建竞争壁垒，但严重损害了用户体验，导致用户需要安装多个应用、记忆多套操作逻辑，甚至无法实现跨品牌的智能场景。

安全与隐私保护的技术挑战

互操作性与安全性往往存在技术权衡：

- **开放接口增加攻击面**：API 开放程度越高，潜在安全风险越大
- **数据共享的隐私风险**：设备间数据传输可能导致用户隐私泄露
- **认证机制复杂性**：跨平台身份验证和权限管理技术实现困难

据 CNNIC 数据，76.8% 的智能家居用户将安全性列为首要考虑因素，这使得解决互操作性问题时必须同步考虑安全架构设计。

我们的技术创新：构建无缝互联的智能家居生态

面对上述挑战，我们通过三层技术架构创新，构建了真正开放、安全、高效的智能家居互联系统。

1. 统一协议转换层：多协议融合技术

我们开发的智能中枢采用业内领先的多协议融合技术，实现了不同通信标准间的无缝转换：

- **全协议支持**：内置 Wi-Fi、ZigBee、Z-Wave、蓝牙和 Matter 五大主流协议芯片
- **实时协议转换引擎**：采用自研的 RTOS 微内核，延迟低至 8.7ms，远低于行业平均的 23.5ms
- **自适应网络拓扑**：智能识别最优通信路径，提升网络稳定性和响应速度

- **OTA 协议更新**：支持远程固件升级，确保兼容未来协议标准

技术规格对比：

技术参数	我们的智能中枢	行业平均水平	提升比例
协议支持数量	5 种主流 +12 种次要	2～3 种	约 300%
协议转换延迟	8.7ms	23.5ms	降低 63%
单中枢设备连接数	200 种以上	50～100	约 100%
网络自愈能力	支持，故障恢复 <2s	部分支持，恢复时间 >10s	提升 500%

2. 开放 API 生态系统：无边界互联架构

我们采用"API 优先"的设计理念，构建了三层 API 架构：

- **设备层 API**：开放设备全部功能接口，支持直接控制
- **服务层 API**：提供场景、自动化、数据分析等高级功能
- **云端 API**：支持与第三方云服务、语音助手和其他平台集成

API 技术规格：

- **RESTful 与 WebSocket 双模式**：满足不同场景需求
- **OAuth 2.0 授权**：细粒度权限控制，保障安全
- **GraphQL 查询支持**：灵活高效的数据获取
- **开发者沙箱环境**：提供模拟测试能力
- **每秒处理请求数（QPS）**：峰值支持 10 000+，远超行业标准

我们的开放平台已与超过 200 家合作伙伴实现深度集成，覆盖 98.7% 市场主流智能设备品牌。开发者社区活跃度指数在行业排名第一，月均 API 调用量超过 10 亿次。

3. 多层次安全架构：保障互操作安全

我们的安全架构采用"纵深防御"策略，在保证互操作性的同时确保系统安全：

- **设备级安全**：

- 硬件安全模块（HSM）：存储加密密钥，防止物理攻击

- 安全启动链：确保固件完整性

- 设备唯一标识：防止设备仿冒

- **网络级安全**：

- 端到端加密：采用 AES-256-GCM 算法，保护数据传输

- 网络隔离：智能家居网络与互联网隔离

- 异常流量检测：实时监控并阻断可疑连接

- **云端安全**：

- 零知识证明：服务器无法获取用户原始数据

- 多因素认证：提升账户安全性

- 差分隐私：数据分析过程保护用户隐私

我们的安全架构通过了 ISO 27001、SOC 2 Type II 等多项国际安全认证，并在最近的黑客松安全挑战赛中成功抵御了所有攻击尝试。

实际应用：互操作性如何改变智能家居体验

跨品牌场景联动案例

以下是我们系统支持的几个复杂跨品牌场景示例：

场景 1：智能安防联动

- 触发条件：小米摄像头检测到异常活动

- 联动动作：

- 飞利浦 Hue 灯光全屋亮起

- 亚马逊 Echo 播放警报声

- 海尔空调自动关闭

- 推送通知至用户手机

- 技术实现：通过我们的场景引擎，将不同品牌设备事件和动作进行编排，延迟控制在 300ms 以内

场景 2：个性化起床模式

- 触发条件：华为手表检测到用户进入浅睡眠阶段

- 联动动作：

    - 小米窗帘缓慢打开

    - 苹果 HomePod 播放用户喜爱的音乐

    - 美的咖啡机自动开始煮咖啡

    - 智能镜显示当日天气和日程

- 技术实现：利用 AI 预测引擎，结合用户习惯和设备状态，优化场景执行时机和顺序

开发者生态案例

我们的开放 API 已催生了丰富的第三方应用和服务：

1. **跨平台控制面板**：第三方开发者基于我们的 API 开发了统一控制界面，用户可在单一应用中控制所有品牌设备

2. **AI 场景推荐**：开发者利用我们的数据 API 创建了智能场景推荐引擎，根据用户行为模式自动建议场景配置

3. **能源管理系统**：通过整合各品牌智能电器的用电数据，第三方能源管理应用可提供精确的用电分析和节能建议

4. **健康监测平台**：整合智能手表、睡眠监测器和空气质量传感器数据，提供全面的家庭健康报告

技术规格详解：我们的互操作性解决方案

智能中枢硬件规格

- **处理器**：8 核 ARM Cortex-A76，主频 2.2GHz

- **内存**：4GB LPDDR4X

- **存储**：32GB eMMC 5.1

- **无线连接**：

    - Wi-Fi 6（802.11ax），双频 2.4GHz/5GHz

    - Bluetooth 5.2，支持 BLE

    - ZigBee 3.0

    - Z-Wave Plus

    - Thread/Matter
- **有线连接**：
    - 千兆以太网端口
    - USB 3.1 Type-C
- **安全芯片**：独立安全加密模块，支持 AES-256、RSA-2048、ECC-P256
- **电源**：DC 12V/2A，支持 PoE 供电
- **尺寸**：120mm×120mm×30mm

软件架构规格

- **操作系统**：定制 Linux 内核，实时性能优化
- **设备支持**：
    - 单中枢支持设备数：200 种以上
    - 设备类型覆盖：95 种以上
    - 品牌兼容性：200 多个主流品牌
- **响应性能**：
    - 本地控制延迟：<10ms
    - 云端控制延迟：<100ms（国内）
    - 场景执行时间：<300ms（10 设备联动）
- **可靠性**：
    - 系统稳定性：MTBF >100 000 小时
    - 自动恢复能力：故障后 <2 秒恢复
    - 离线能力：完整本地控制，无须云连接

API 能力规格

- **API 类型**：RESTful API、WebSocket API、GraphQL
- **认证方式**：OAuth 2.0、API Key、JWT
- **开放能力**：
    - 设备控制 API：100% 设备功能开放

    - 场景编排 API：支持复杂条件和动作组合
    - 数据分析 API：设备状态、使用模式、能耗分析
    - 用户管理 API：权限控制、家庭成员管理
- **开发支持**：
    - 多语言 SDK：支持 Python、Java、JavaScript、Swift、Kotlin
    - 开发者门户：文档、示例代码、API 测试工具
    - 开发者社区：技术支持、最佳实践分享

未来技术路线图：互操作性的进化

我们的技术团队正在开发下一代互操作性解决方案，重点包括：

1. 去中心化互联技术

- **分布式设备网络**：无须中央控制器，设备间直接通信
- **区块链身份认证**：去中心化设备身份和权限管理
- **边缘计算能力**：将智能决策分散到各设备节点

2. AI 驱动的互操作性

- **自学习协议适配**：AI 自动识别和适配未知协议
- **意图理解引擎**：理解用户自然语言指令，自动编排设备协作
- **预测性场景执行**：基于用户行为模式，预测并准备设备状态

3. 隐私计算技术

- **联邦学习**：在保护数据隐私的前提下实现跨设备 AI 训练
- **同态加密**：加密状态下进行数据计算和分析
- **可信执行环境**：硬件级隔离保护敏感操作

结论：互操作性是智能家居的未来

智能家居的真正价值不在于单个智能设备，而在于设备间的无缝协作创造的整体智能体验。通过我们的多协议融合技术、开放 API 生态系统和多层次安全架构，我们成功突破了互操作性壁垒，为用户打造了真正统一、智能、安全的智慧家庭环境。

无论您使用何种品牌的智能设备，我们的解决方案都能确保它们和谐共

存、协同工作，让您的智能家居体验不再受限于单一品牌生态，真正实现"让科技融入生活，让智能更懂你家"的愿景。

技术支持与资源

- 开发者门户：developer.smartecosystem.com
- API 文档：api.smartecosystem.com/docs
- 开发者社区：community.smartecosystem.com
- 技术支持：support@smartecosystem.com

本文技术参数基于最新产品规格（2025 年 3 月版本），实际性能可能因使用环境和设备组合而异。

我们可以看到，如此复杂的多步骤任务，Manus 依旧可以做到从容应对。